景观快速表现技法研究：以福建乡村景观为例

毛 翔 陈书琳◎著

Wuhan University Press
武汉大学出版社

图书在版编目（CIP）数据

景观快速表现技法研究：以福建乡村景观为例／毛翔，陈书琳著. —武汉：武汉大学出版社，2023.1

ISBN 978-7-307-23387-4

Ⅰ.景…　Ⅱ.①毛…　②陈…　Ⅲ.乡村—景观设计—研究—福建
Ⅳ.TU986.2

中国版本图书馆 CIP 数据核字（2022）第 198430 号

责任编辑：周媛媛　王兴华　责任校对：牟　丹　版式设计：中北传媒

出版发行：**武汉大学出版社**　（430072　武昌　珞珈山）
（电子邮箱：cbs22@whu.edu.cn　网址：www.wdp.com.cn）
印刷：三河市京兰印务有限公司
开本：710×1000　1/16　印张：14.5　字数：171 千字
版次：2023 年 1 月第 1 版　2023 年 1 月第 1 次印刷
ISBN 978-7-307-23387-4　定价：68.00 元

序　言

描绘乡村景观，助力乡村振兴

我国是拥有五千多年悠久历史的文明古国，华夏文明大多起源于如今的乡村地区。乡村不仅承载着一个地区的历史、人文等，还承载着人们的记忆。淳朴的民风、优美的环境使乡村成了现代都市人的“诗与远方”。近年来，乡村的发展在地区经济社会发展中发挥着越来越重要的作用。党的十九大报告中强调要“实施乡村振兴战略”，“必须始终把解决好‘三农’问题作为全党工作重中之重”。

福建境内地形以山地、丘陵为主，面积约占全省总面积的80%，素有“八山一水一分田”之说。依托优越的自然环境，福建境内藏匿着许许多多具有良好风貌和深厚人文历史的村落。随着乡村振兴的提出，众多美丽乡村被开发出来，引起了各行各业的关注。山脉、溪流、古厝、稻田与生活其间的居民交相呼应，形成了自然生态与传统人文交汇的原始古朴的乡村风貌。

快速表现技法是通过简洁而准确的线条，以徒手绘画的方式捕捉记录所见之物，并将其特点高度概括成图。它是一种具有丰富内涵的艺术表现形式，不仅具有欣赏价值，还具有很强的实用性。通过学习快速表现技法，不仅能有效提升绘画者的绘图能力，使绘画者能更加形象而直观地表达地物风貌，而且能培养绘画者发现美的能力。乡村的一草一木、一砖一瓦，都能成为绘图者笔下具有感染力的独特之物。通过快速表现技法描绘福建乡村景观，唤醒当地人对于家乡的认同感与归属感，同时让他乡的更多人了解福建乡村景观与文化，为乡村振兴战略的实施尽绵薄之力。

目　录

第1章　概　论

纵观设计的发展，无论是艺术设计、室内设计，还是建筑规划设计和景观设计等，都离不开快速表现技法。它是设计师培养设计表现能力、创新设计思维、提高设计水平最见成效的技能之一，是设计师必备的基本技能。是否具备该项能力，直接影响着空间设计转化的精确性、合理性，具备该项能力可以展现设计师的艺术修养和创意。

快速表现技法随着设计思想的发展而更加多元化。熟知并掌握该项技能首先需了解快速表现技法的基本含义、分类及特点，其次恰当的学习方法和适合的绘图工具也可使得快速表现事半功倍。

1.1　快速表现技法的基本含义

快速表现技法是运用绘图工具，人工徒手快速表达设计构思、传达设计理念、完善设计方案的重要表现手段。快速表现技法是一种设计语言，也是设计过程的组成部分。其融合了空间结构理论、制图规范等知识，通过绘画工具和绘制技巧，依据透视原理传达设计图。快速表现技法考查设计师熟练掌握快速表现草图和效果图的能力，要求设计师能准确地在较短的时间内将设计思路、设计理念视觉化，是艺术与技术的结合。

1.2 快速表现技法的分类和特点

（1）快速表现技法的分类

快速表现技法从表现方法上可以分为手绘快速表现技法和电脑快速表现技法。手绘快速表现技法绘制速度快、线条自然，不同人的运笔方式、下笔轻重、风格偏好均有所不同，因此手绘快速表现技法也会产生不同的艺术感染力。手绘出的不确定性线条和色彩不仅能展现不同设计师的艺术修养和性格特点，还能激发人们更多的想象，从而不断地产生新的创意。

随着科技的发展，当前在设计过程中，电脑快速表现技法逐渐成为设计师设计的潮流。电脑快速表现技法将传统手绘与现代科技结合，保留了手绘快速表现技法的基本形式，通过数位板等多媒体设备绘制，具有方便、快捷、易操作等优点。它可以直接、快速地把设计师的设计思路绘制在电脑中，方便后期修改、图层管理、软件关联等，有利于提高工作效率。将手绘线稿与电脑制图结合，画面效果有别于传统手绘，又有别于电脑效果图，让人眼前一亮。

电脑快速表现技法图

手绘快速表现技法图

（2）快速表现技法的特点

真实性：快速表现技法通过线条、色彩的表现与刻画展现实景效果，能客观且真实地传达设计师的设计理念、设计思路、设计创意。且快速表现技法对结构、色彩、空间的表达能让他人更加直观地认识、了解物体或场景的特征和效果。

快速性：快速表现技法的快速性体现在两个方面，首先是时间概念上的快速性，即花费较少的时间通过绘图表达设计意图。其次是落实设计意向、设计理念的快速性，即设计师将设计灵感、设计思路以草图的形式呈现，让他人更快地理解设计思路。

美观性:快速表现技法是艺术和技术的综合体现，通过干净整洁的线条以及丰富的色彩表现物体的形态、质感、比例、光影。快速表现技法不仅作为设计作品的表现形式之一，而且能反映设计师的态度和能力。

说明性：快速表现技法作为图示语言的一种，通过图形表达形态、结构、空间、色彩、质感等，相对于单纯的语言文字更具直观性和说明性。快速表现技法还能较为直观地表达设计韵律、节奏等文字难以表达的内容，便于沟通交流。

1.3 快速表现技法的重要性

（1）便于快速收集设计素材

快速表现技法是最直接、最快速、最有效捕捉设计素材的手段之一。设计师在日常生活中往往通过观察获取捕捉某场景作为设计素材，快速表现技法可以帮助设计师快速记录素材的结构形态、色彩、质地、量感等信息，以及节奏韵律美等抽象理念，并可以将素材的特点表现在纸上。同时，设计思想、创意等是设计师创作的源动力，设计师灵感的迸发常常一闪而过，通过快速表现技法设计师可以用图解的形式迅速记录思考与心得、灵感与构思，加以文字注释或符号注释，方便后期提取构思时使用。

（2）便于快速表达设计思路

对设计师来说，设计的可视化是必备技能，也就是将想象变为现实的过程。在这个过程中，快速表现技法具有不可替代的作用，它以快捷、简明的艺术语言，将设计师对于方案的构思、创意以及设计的细节、尺寸、比例等直观而生动地在图纸中反映出来。

快速表现技法已成为当代设计界最实用、最普及的表现方式之一。一名优秀的设计师，不仅要有好的创意，还需要具备将创意通过特定载体表现出来的能力。快速表现技法要求设计师具备一定的空间想象能力、审美素养等，因此，它不仅能表达设计师的设计构思，还能反映设计师的专业能力和修养。

（3）便于快速沟通设计方案

在设计过程中，快速表现技法也是沟通设计方案的工具之一。在设计行业中，组间方案的沟通交流、甲乙方间的方案沟通交流必不可少，快速表现技法可以将沟通过程中客户的设计需求和方案修改建议快速记录并将内容快速呈现在纸上，便于传达和探究设计方案中的细节等问题，使方案能更直观地呈现，提高客户对方案的理解度，有利于提高工作效率。

1.4 快速表现技法的学习方法

（1）观察

快速表现技法的对象来自生活的点点滴滴，对于乡村景观快速表现来说，无论是植物、山石、流水、房屋建筑以及人的活动都是乡村景观的一部分，只有多观察，了解每个绘制对象的特点，包括形态、色彩、纹理等，才能更好地使用快速表现技法表达。

（2）分析

观察是对绘制对象特征的把控，在绘制前绘制者还需对所要描绘的物体或场景的结构关系、色彩关系进行分析，并在大脑中构思该物体或场景在画面上的布局，通过分析区分主景、配景，近景、远景；确认透视关系，拟定要绘制的场景采用一点透视或是两点透视或是三点透视；同时确认物体相对的明暗关系，使绘图者在进行快速表现时更有把握。

（3）绘制

绘制是快速表现技法的核心部分，在绘制过程中首先要多练习，尤其是对于线条的运笔控笔要多练习，通过不断地练习，线条会更加干净利落。对于初学者来说，空间的绘制是难点，不仅要掌握透视原理，同时也要多加练习透视技巧。除此之外，要善于与他人沟通交流，或通过临摹的方式学习他人作品的笔触、色彩搭配等，了解他人绘制过程遇到的问题和运笔技巧，让自己少走弯路，形成自己的独特风格。

（4）应用

学以致用，学习快速表现基本技法后要加以运用，从线条笔触的练习到单体及空间的把握、风格气氛的营造，均需通过不断地思考来提升快速表现的技能水平。日常生活中可以通过现场写生等方式检验自己的观察分析能力、透视原理、透视技巧的掌握情况，以及色彩选择的合理性。基本掌握后可以绘制设计效果图，尝试将自己大脑中的创意、思路运用快速表现技法表现出来。

1.5 快速表现技法常用绘图工具

快速表现技法常用的绘图工具包括绘图纸、绘图基本画具及着色画具。

1.5.1 绘图纸

绘图纸可采用一般打印纸、绘图纸、硫酸纸、卡纸等，不同纸张着色后的显色程度不同，在快速表现技法练习的初级阶段建议采用打印纸、绘图纸进行线条的控制、透视等练习。后期着色建议采用绘图纸、硫酸纸、卡纸等不易透色的纸。

1.5.2 基本画具

根据快速表现技法常见的绘图类型，其对应的常用基本画具为铅笔、钢笔、针管笔。不同绘图工具材质不同，所展现的画面特点也不同。

（1）铅笔常用于速写、素描快速表现，其特点为色彩单一，多用于快速表现静态物体，展现物体的立体形象和结构。同时铅笔快速表现也可表现物体的色调，根据铅笔软硬程度的不同，常用于快速表现的铅笔为2H、HB、2B、3B、4B、5B、6B、7B。

（2）钢笔常用于速写、效果图表现等，绘制快速便捷，线条表现力强。在样式上，钢笔可分为直头钢笔和弯头钢笔，弯头钢笔常用于美术作品设计，将笔尖立起来可绘制细密的线条，将笔尖卧下可绘制宽窄不同的线条，使画面更富有层次感。直头钢笔常用于绘制单一线条，例如建筑物的轮廓线等，使画面干净整洁。

（3）针管笔墨水易干，使用方便，常用于绘制物体结构图、工程图等，线条挺直、流畅、均匀，快速表现技法常用针管笔型号为 1.0 mm、0.2 mm、0.3 mm、0.5 mm。

1.5.3 着色画具

快速表现技法中常用的着色画具为彩铅、马克笔。

（1）彩铅既有铅笔绘画方便易学的优点，又具有水粉色彩有层次感的特点，多与铅笔等其他绘图工具结合使用。彩铅颜色较为细致，上色便简，易掌握，色彩效果淡雅通透，且可以表达画面虚实。彩铅在种类上可分为硬质彩铅、软质彩铅、水溶性彩铅、粉蜡笔等，根据绘图的色彩需要可选用 24 色、36 色、48 色彩铅。

（2）马克笔是当今快速表现技法中最流行的着色画具，它常与针管笔、钢笔结合使用，因为有很好的通透性，因此在绘图过程中不会覆盖钢笔的线条。马克笔色彩丰富，光感强，上色快速易干，方便。马克笔从种类上可分为水性马克笔、油性马克笔。水性马克笔色彩透明，可以实现色彩的重叠，多用于吸水性较弱的绘图纸；油性马克笔质感和光感效果较好，色彩亮丽，可选择的色彩范围广，且品牌丰富，可用于较多种纸上。油性马克笔色彩类别上大致分为韩系、日系、德系、美系、中系等几大类。

第2章　快速表现基本技法研究

所构之图均由点、线、面构成，在快速表现技法中，通常由线构成图形的基本轮廓骨架，面主要起到填充图形的作用，点则在快速表现技法中起到画龙点睛的作用。图形骨架和轮廓的表现是快速表现首要掌握的重点，因此线条的快速表现技法的学习和练习方法是学习快速表现技法的关键。在快速表现技法中，图形因色彩的填充而得以升华，因此在掌握色彩原理的基础上学习绘制要点和练习方法可使画面更加完整生动。

2.1　线条的快速表现技法

线条是快速表现技法的基础，线条基础不扎实会影响后期画面的整体效果。用不同粗细、不同曲直的线条可以形成多种不同的明暗调子、虚实效果及肌理效果。在快速表现技法中，线条主要分为快直线、抖直线、锯齿线三大类。

（1）快直线

快直线常用于绘制物体框架和内部排线，不同线条的排列方式可形成不同的肌理和效果。快直线要求运笔快、准、稳，可先在纸面上定好直线的起点和终点，保持手腕不动，快速移动小臂绘制直线，线条要连贯，切忌来回重复描摹一根线。快直线包括水平快直线和竖直快直线，竖直方向的快直线较水平快直线难绘制，绘制时应匀速移动手臂，利用手与纸面的摩擦控制直线的方向竖直。

对于初学者绘制快直线常出现线条不流畅的问题，可先在定好的两点之间来回试探，找到直线的下笔感觉后快速在纸面绘制，下笔时需果断。对于长线条的绘制，初学者可先结合尺子进行绘图，切勿出现断断续续的短线或在原本线条基础上叠加线条，熟练掌握快直线时再脱离尺子。不同的力度和运笔方式都可能导致直线的效果不同，不同物体的特性也不同，因此需要多加练习。根据不同直线的表现方式找到适合自己的运笔方式。

（2）抖直线

抖直线因线条活泼轻松常用于绘制长线条以及表现虚实。与快直线相比，抖直线更容易控制线条的走向。在绘制抖直线时同样先确定好线条的起止位置，手腕放松，抖动绘制线条，根据线条抖动的幅度可将抖直线分为小抖、中抖、大抖。绘制时注意同一线条抖动幅度应一致。

（3）锯齿线

锯齿线顾名思义为锯齿状线条，常用于绘制植物叶片轮廓。因植物形态质感不同，锯齿的形状也多样，可绘制蓬松、锐利等效果。用锯齿线绘制时要注意同一线条中每个锯齿的形态基本相同，大小可有大有小形成自然的节奏变化，切勿大小一致或大小过于悬殊。锯齿线看似容易绘制，但要达到自然的效果还需多加练习。

快直线　　抖直线　　锯齿线

2.2　线条的练习方法

（1）线条定点排线练习

针对线条定点排线的练习，可先将 A4 大小的白纸六等分，先练习短线条的排线。练习时线条的类型应包含快直线、抖直线、锯齿线，每种类型的线条分别绘制水平线条、竖直线条，以及斜线条。通过此练习来掌握不同类

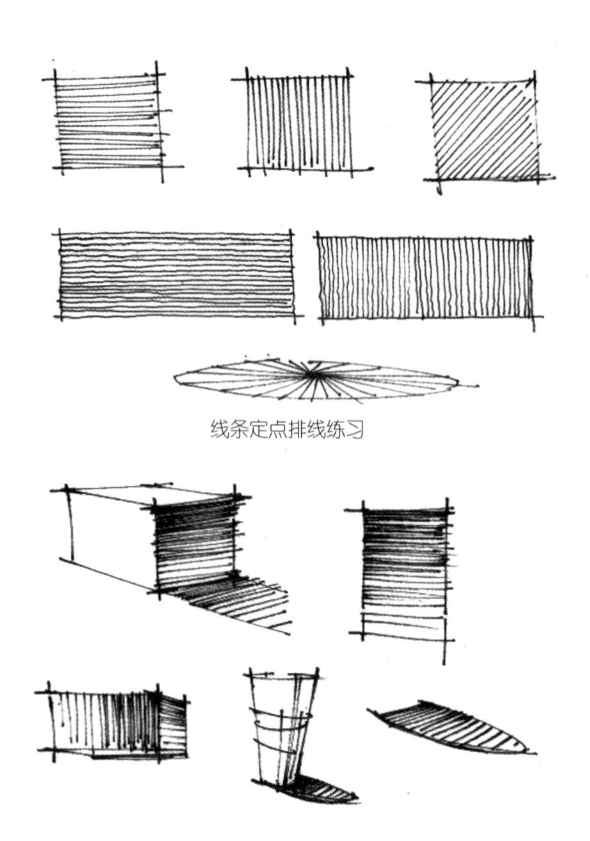

线条定点排线练习

线条疏密排线练习

型的线条在不同方向的绘制。练习过程中要注意保持线条的长度、间距，避免线条出头。对于初学者而言，线条的练习应由易至难，循序渐进，逐渐增加线的长度和练习速度。熟练后将 A4 纸四等分练习，以此类推，不断增大画布大小至 A4，通过增大画布来掌握线条的运笔和控笔能力。

快速表现技法中常用平行于边线和透视线，或者垂直于画面的线条排线，切忌乱排。

（2）线条疏密排线练习

线条的疏密可以表达物体的明暗关系，还可以表达材质纹理的疏密、深浅、轻重等。线条疏密排线时要注意由密至疏或由疏至密的均匀过渡，同时在绘制时要注意线条长度的控制，切忌线条的重叠交叉。

2.3　色彩的快速表现技法

色彩是我们通过眼睛收集光的信息后，大脑结合我们的生活经验所产生的一种对光的视觉效应。人对色彩的感觉主要由光的物理性质所决定，物质产生不同颜色的物理特性也常被人们直接称为颜色。色彩源于自然，人们对色彩的认识、运用过程是将对大自然的色彩印象通过经验性的规律总结，形成色彩理论，从而运用于实践的过程。

2.3.1　色彩原理

（1）三原色

三原色指色彩中不能再分解的三种基本颜色，三原色分为光学三原色以及色彩三原色。

托马斯·杨（Thomas Young）和赫尔姆霍兹（Helmholtz）在牛顿色散实验的基础上测量了七种光的波长，并提出自然界所有的颜色都可以由蓝、绿、红三种颜色根据不同比例来再现，且这三种颜色无法通过其他颜色混合得到，因此我们把蓝、绿、红称为光学三原色，也称为三基色。

但由于颜料、色素、化学染剂的色彩不是纯色，且与环境色有关，因此其成色原理跟光学三原色原理不同，色彩三原色是红、黄、蓝，三者可以混合出所有颜料的颜色，且相加为黑色。

（2）色彩的属性

色彩分为无彩色系即黑白灰，以及有彩色系。有彩色系具备色相、明度和纯度的性质，三者中的任何一项发生变化时，色彩的性质都会发生变化。因此我们将颜色的色相、明度、纯度称为色彩的三属性。

色相是色彩所呈现出来的特征，是各种不同色彩之间相互区别最关键的标志。根据色相细分程度的不同，常见有 12 色相、24 色相、48 色相。

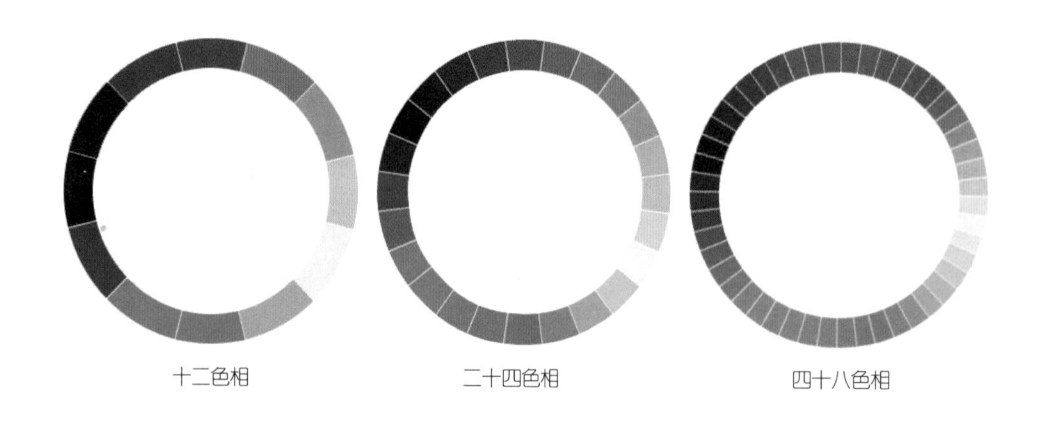

十二色相　　二十四色相　　四十八色相

明度是色彩最基本的特征之一，是由于不同物体反射光量不同，而人眼对光源作用于物体表面后明或者暗的感知程度不同形成的。换句话说，明度是人眼对颜色的深浅的感知程度。有彩色系的明度可以指同一种色相的不同明度，也可以指各种颜色不同的明度。无彩色系则只有明度这一属性。

明度九阶

纯度也称饱和度，通常指的是色相鲜艳或混浊的程度。无彩色系的纯度值为零，有彩色系中的不同色相进行混合，产生的色相的纯度值必然低于其中任何一个色相的纯度。

（3）色彩的混合

所谓色彩的混合，指的是将某一种色彩加入另一种色彩进行混合，使色彩的三属性发生改变，形成新的色彩。色彩混合的比例不同，得到的色彩也不同。

色彩混合

加色混合

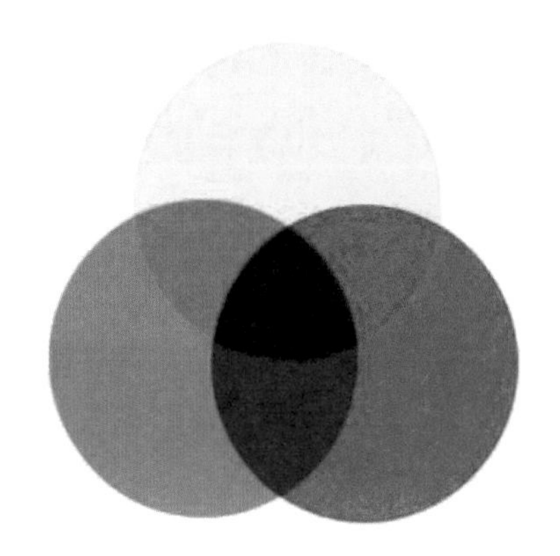

减色混合

色彩混合的模式可分为三大类：加色混合、减色混合、中性混合。加色混合是由两种或者两种以上的色彩混合时，明度不断增加的效果，例如，红加绿为黄；减色混合则相反；中性混合是指色彩混合后色相或明度既没有提高，也没有降低的色彩混合。

（4）色彩的对比

这里提到的色彩对比主要为色彩传达的感觉的对比，包括冷暖、轻重、进退、刚柔、平静与兴奋、华丽与朴素的对比。冷暖、轻重、刚柔本是人对外界的感觉，色彩让人产生此类感觉主要由于人的心理因素，人长期接触和认识客观事物时产生一定的经验，色彩会让人产生相关联想。例如，红黄橙色系对人的视觉冲击力强，给人温暖、兴奋的感受；蓝紫色系明度低，给人寒冷、平静的感觉。也正是色彩具有冷暖关系，色彩也在空间上给人暗示，如同一平面下人们会感觉到暖色更靠近而冷色更远离。色彩的明度则决定了进退、刚柔感，明度高的色彩给人的感觉轻盈，明度低的色彩给人带来敦实厚重的量感。

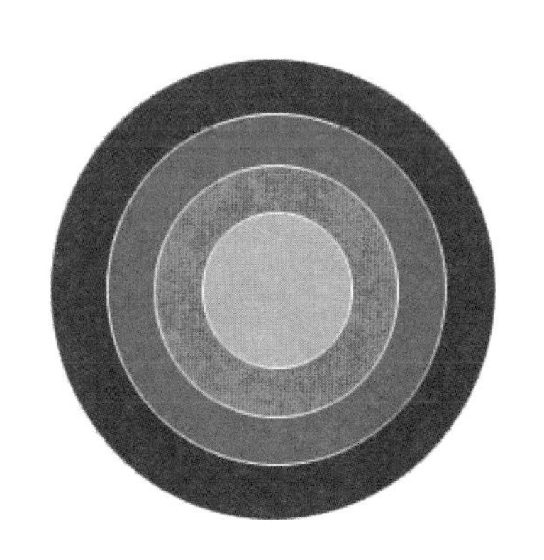

2.3.2　马克笔绘制要点

用马克笔进行景观快速表现时，与水彩等绘图技巧类似，采用同色铺涂的方式可大大提高作图效率。因此，在线稿草图的基础上，首先在大脑中预估画面上会使用哪些色彩，以及某一色彩可能会用于绘制哪些块面，当拿到一个色号的马克笔时，将画面上使用该色的地方尽可能一次性绘制。绘制的先后顺序如下：

（1）绘制物体的主体部分

马克笔色彩中无论冷色还是暖色，同一色系都存在色彩较近的颜色。绘制受光物体颜色时，采用同类色叠加的方式，先选择同类色中颜色较浅的颜色进行铺涂，然后再用同类色中颜色较深的颜色叠涂，叠涂时应注意色彩的自然过渡，切勿颤抖或来回描补，避免形成明显分层。在物体背光处叠加同类色更深颜色作为与暗部的过渡，暗部叠加灰色作为投影。对受光物体上色时要将受光点（即高光位置）留白。用同类色进行叠加时要注意，这里的同类色是指色彩纯度、明度等均较为接近的颜色，而不仅仅要求是同一色系。切忌用对比色进行色彩叠加。

（2）绘制物体的暗部和投影

暗部和投影能凸显画面景观元素的层次关系和立体感，因此应首先确定画面整体的明暗关系来增强画面立体感。绘制物体的暗部和投影时可根据画面整体色调选择灰色系、灰绿系或灰蓝系马克笔中的一种进行绘制。虽然

同属灰色系，灰色系偏向暖灰，灰绿系、灰蓝系则属于冷灰，因此，切勿混色系使用，否则会导致画面基调的不和谐。切记暗部不要有太强的冷暖对比。

投影的绘制应有一定通透感，可选择较深的灰色，切勿使用黑色大面积绘制投影。绘制投影时应判断好光的照射方向，根据物体的高度绘制投影，暗部的绘制采用同色系叠加的方式，先用同一色系中色彩饱和度较低的进行铺涂，再根据明暗关系叠加同一色系中色彩饱和度较高的色彩。叠加时应注意画面整体效果，切勿着眼于某一处进行绘制。

（3）画面的调整与控制

马克笔的色彩丰富，对于整体画面色彩的控制应协调统一，色相不宜过多。大部分色彩纯度较高，因此画面往往在亮部高光位置适当留白来保证画面的通透。在色彩选择上，色彩饱和度很高的色彩可以起到局部提亮的画龙点睛作用，但切勿大面积使用且尽量少使用。同时，在进行画面调整时可使用“勾”“提”等高光处理技法，更好地表现物体的体积感与层次，也可以搭配彩色铅笔进行整体调控，起到降低马克笔纯度的效果。在这里我们需要记住一条实用规则，即“前冷后暖，近实远虚”。

2.4　色彩的练习方法

在用马克笔绘色时要先分析空间，物体的形体、材质，以及物体在受光和背光时的冷暖、明暗、虚实对比，例如，绿色植物在光照下亮部偏黄绿，大理石等地面在暖光下亮部带暖色等。

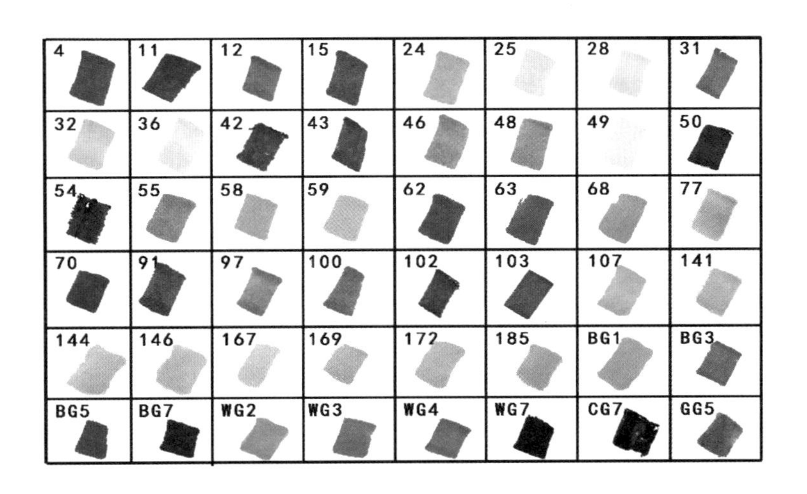

对于初学者而言，对画面空间整体的把握较难，因此可以从空间中的单体进行马克笔绘色练习。可先用线稿绘制多张单体或者复印多张进行着色练习，或寻找类似的空间透视效果进行临摹，再依据自身风格采用不同色相、色调进行组合并记录下色彩搭配效果较好的色号组合作为未来单体配色素材库。

（1）色调练习

马克笔的色调练习对于初学者来说十分必要，不仅可以锻炼初学者对色彩的敏感度，有利于提高对色彩的选择能力。同时对色调的练习可以让初学者快速掌握色彩冷暖、明度、饱和度等色彩基本原理，有利于后期对画面整体效果的把控与调整。对色调的练习可先按色彩的色相对马克笔进行分类，再根据每个色相的明度和饱和度细分，并制作色卡方便色彩的选择。

（2）马克笔涂色技法练习

马克笔一般是双头，一侧是扁平粗头，另一侧是尖细头，其中扁平粗头有多个切面，因此马克笔既可以绘制线条也可以绘制块面。使用马克笔进行快速表现时，笔触以排线为主，常用马克笔扁粗头，对于线条疏密、方向的控制极为重要。由于马克笔多为油性马克笔，酒精含量高，易挥发,因此运笔的快慢会影响显色效果。运笔时应匀速运笔,切勿头尾重中间轻而导致色彩不均匀。

常见的马克笔运笔方法有排笔、揉笔、飞笔、点笔。排笔常用于绘制地面、墙面等大面积铺色区域，运笔方式同线条绘制方式相同。揉笔常用于绘制云彩，用马克笔在不抬笔的情况下来回涂抹，通过运笔速度调整出水量。飞笔，常用于绘制较强的反光效果且追求色彩的自然过渡，表现形式类似于中国画中“飞白”。点笔常用于绘制树叶，产生树叶灵动效果，运笔过程用笔头形成大大小小的块状，但切忌点过于密集和繁多。

① 排笔

排笔是马克笔上色最常用的技法，是以笔头宽面快速平移的方式在纸面上绘画。在绘画过程中，需注意起笔和收笔对力度和速度的控制，不可长时间停留在纸面上，否则笔触会不聚拢，向外晕染扩散。

② 揉笔

揉笔是将马克笔的笔头宽面压在纸面上，然后快速地来回移动使色彩均匀融合，减少马克笔笔触的生硬感。它区别于排笔的不同是来回移动，使笔触自然叠加，而排笔则是从起笔到收笔，单一方向移动。

③ 飞笔

飞笔也称作扫笔，是马克笔使用技法中的高阶技法。在绘画过程中，马克笔宽面笔头压在纸面上，然后快速平移，在收笔的过程中笔头微抬，使其在纸面上留出一自然的过渡面。这种技法常用于处理画面边缘以及需要柔和过渡的地方，需要注意的是在飞笔技法使用中，建议选择浅色系，深色系不适合用飞笔技法。

④ 点笔

点笔是马克笔使用技法中比较灵活的笔法，即用马克笔的粗头在纸面上绘制成点状。马克笔的笔头与纸面的接触角度不同，形成点的形状与大小也将不同。需要注意的是在画点的时候，点要圆润、自然、饱满，并遵照一定的构成形式来对点进行排列。

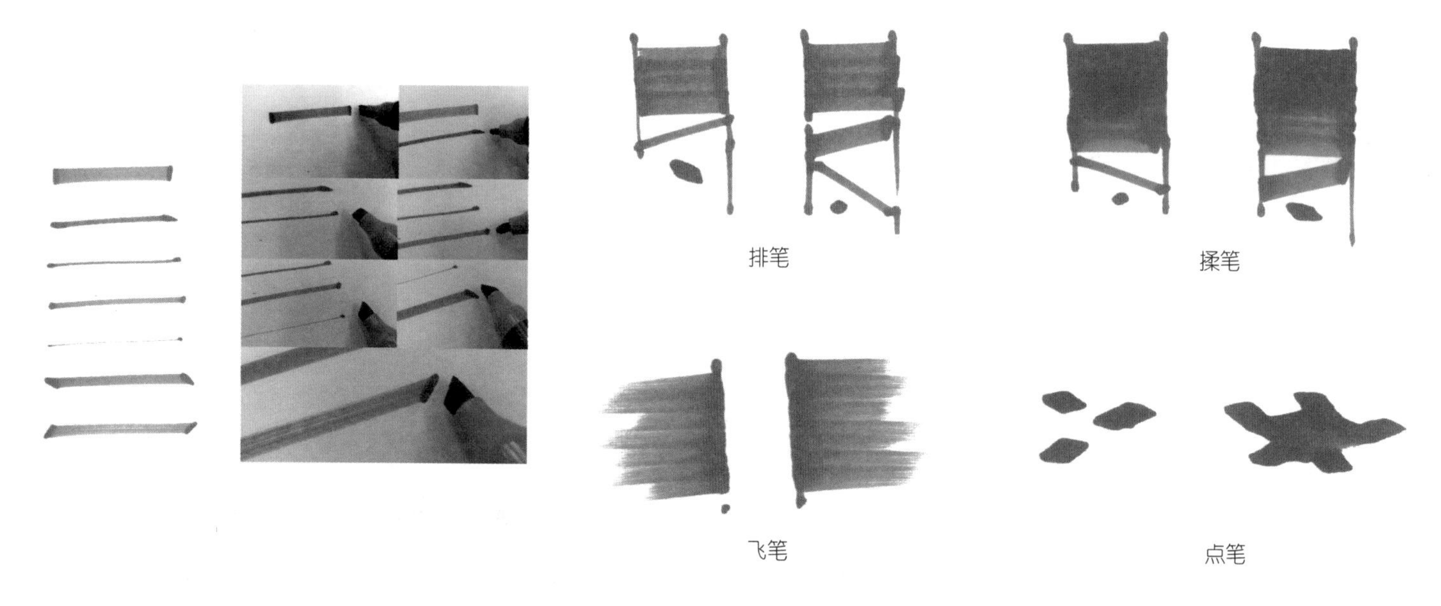

马克笔表现技法

（3）色彩叠加练习

马克笔色彩叠加练习包括同色叠加和不同色叠加两种方式。其中同色叠加练习，可先选择同色相中颜色最浅的颜色，在最浅色快干前用深一色号的马克笔晕染三分之二的部分，再用更深一色号的马克笔晕染三分之一的部分。色彩晕染叠加时要注意交界线切勿过于明显，可在交界线处重复涂色使晕染更加均匀，同时注意马克笔色号的选择，尽量选择色号跨度较小的，使过渡更加自然。使用不同色进行色彩叠加练习时，由于不同的色彩叠加会形成新的色彩，因此首先要掌握色彩混合规律，并在纸上进行叠涂练习，然后绘制在物体上。

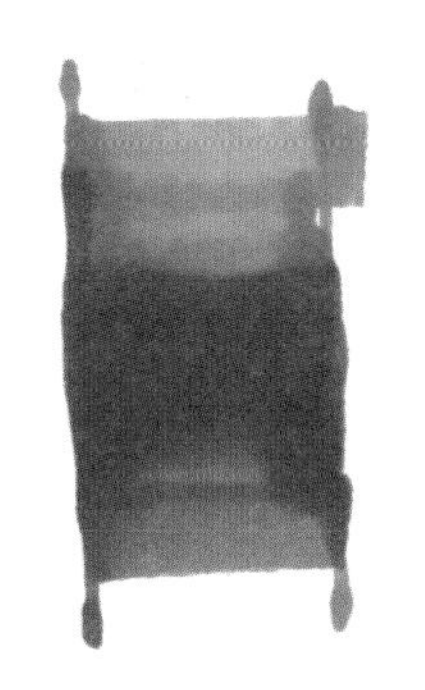
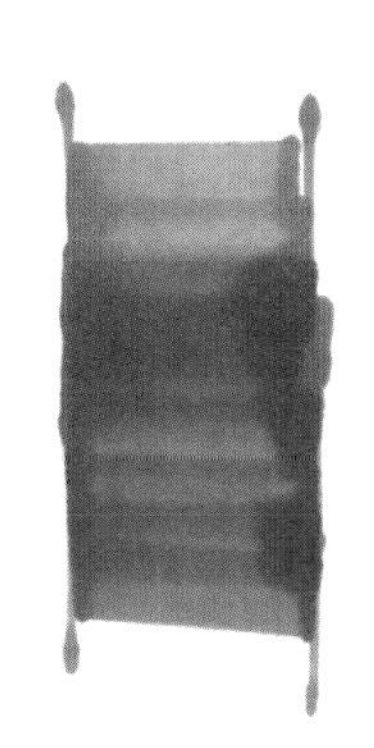
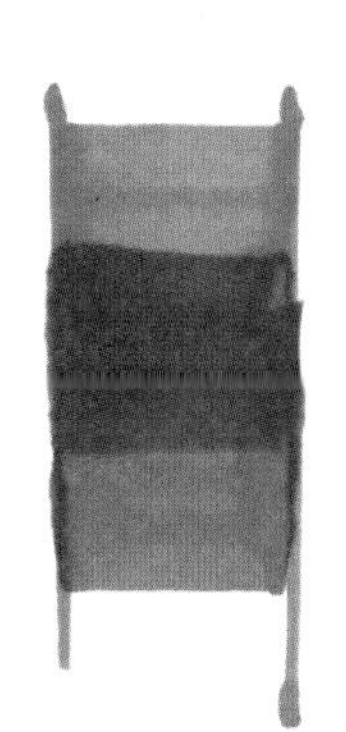

第3章　三维空间思维训练研究

快速表现的过程充满了创造性，它需要设计师手和脑的协调配合，将大脑中的创意形象地表达出来，从思考到表现的思维过程中，对三维空间的把握是画好快速表现的重要环节，因此应该注意景观透视表现技法的合理运用。景观中无论建筑、景观小品、山石植物等本身均具有一定的高度、宽度和深度，因此，作为三维的立体造型，从不同角度观察时会产生不同的视觉效果。快速表现技法的三维空间思维训练就是将三维立体造型转化为二维平面图形，通过二维平面表现三维立体效果。

三维空间思维训练首先要求景观设计师熟知透视原理和透视法则，并运用透视法则构思三维造型，确定比例关系、空间尺度、空间特征等，从整体出发正确把握外部轮廓和内部细节。

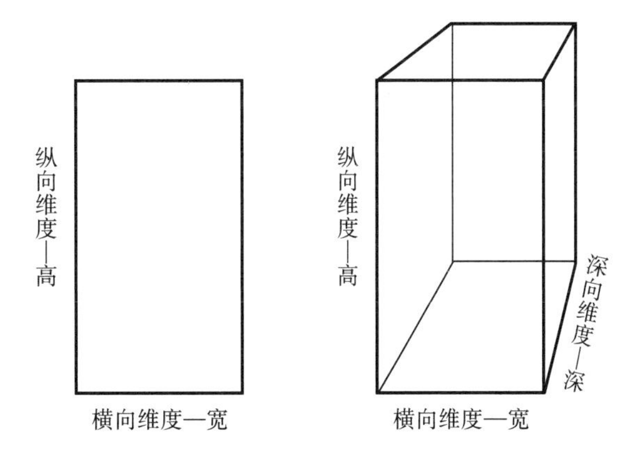

3.1　透视原理

透视是透视绘画法的理论术语。最初研究透视是通过一块透明的平面去看景物，将所见景物准确描画在这块平面上，使成为该景物的透视图。随后利用视网膜成像呈现近大远小的规律和原理，在二维平面上（视网膜、画面、相机取景框等）用线条模拟物体的轮廓、投影及空间位置，创造出具有立体感的三维空间。

快速表现技法涉及的透视基本术语主要为三点：

视点（eye point）——人眼睛所在的地方。标识为 S。

视平线（horizontal line）——与人眼等高的一条水平线HL。

灭点 (vanish point)——透视点的消失点。

通过透视原理观察物体，物体便有了长、宽、高三个维度。透视中的高度即纵向维度；透视中的宽度即横向维度；透视中的深度即为深向维度。

3.2 透视法则

透视法则根据视点、视平线、灭点的关系可分为一点透视（平行透视）、两点透视（成角透视）及三点透视（倾斜透视）三类。

（1）一点透视

一点透视又称为平行透视，指的是物体在水平面上，物体的宽度是左右延伸的，高度是上下延伸的，即物体正面的边界与纸面平行，高度和宽度均没有远近变化。但物体在深度上产生近大远小、近宽远窄的透视现象，且物体在深向维度上的平行线会与视平线交于一点（灭点）。因为只在一个维度上延伸且只有一个灭点，因此此类透视称为一点透视。例如，图中立方体，平行于正面的面与线未发生变化，其余线和面朝向心点方向集中消失。

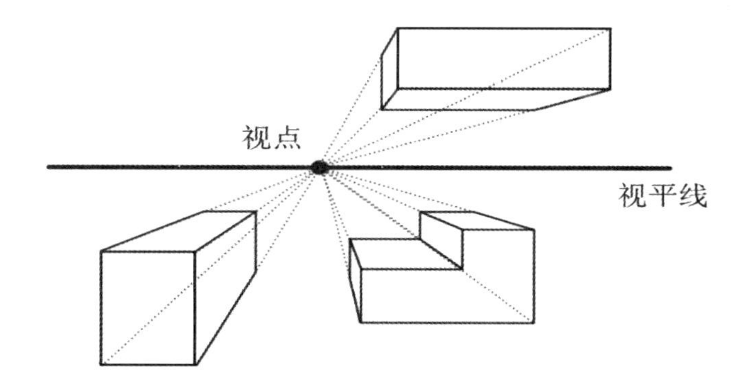

在快速表现技法中，一点透视较容易掌握，常用于表现空间纵深感较强的物体，例如廊架、铁路轨道，也常用于表现中轴对称的场景来强化庄严的空间感受，如纪念性广场等。因此，对于其他场景或物体，采用一点透视绘制时要注意灭点的选择，若选于画面中心位置可能会稍显死板。

在绘制时，常采用从外向内或从内向外的绘图方式。从外向内的绘制即先从观者的角度绘制视平线和灭点，然后根据物体与观者的距离绘制物体正面，在物体的边界上的点与灭点相连，根据近大远小的原理绘制物体的深度。而从内向外的绘制即先从观者的角度绘制视平线和灭点，然后根据进深绘制多条向外延伸的辅助线，再根据总体绘制正面。

（2）两点透视

两点透视又称成角透视，是景观快速表现技法中常用的透视绘制方式。是把物体画到画面上，物体的正面不与视平线平行，且与物体纵深平行的直线分别向两侧消失，产生了两个灭点。在这种情况下，与上下两个水平面相垂直的平行线也产生了长度的变化，但是相互仍保持平行。

两点透视除了纵向维度是上下延伸不产生近远变化的，其他两个维度都在深度上有远近，所以会产生两个灭点。两点透视法绘制的空间较为生动，接近日常人视场景，但不适合绘制大场景。

依据成角透视的原理，物体的纵深与视中线成一定角度，因此，可先绘制视平线，并在视平线中点的左右两侧各选一点作为视点，接着绘制物体的高度，将物体高度线的顶部和底部分别与两个灭点相连绘制辅助线，最后依据近大远小的原理，在辅助线上绘制物体的长宽。

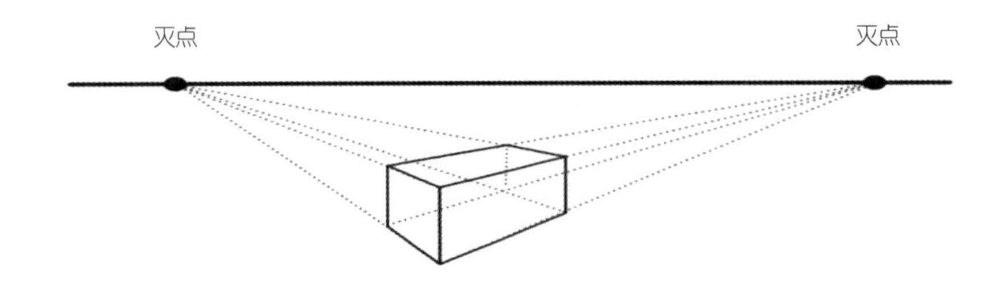

（3）三点透视

三点透视又称为倾斜透视，指物体高度线不完全垂直于画面，整体形成三个透视点的透视。对物体而言，物体的某个面和棱线呈倾斜状，既不平行于视平线，又不与视中线平行，从而使面的边线延伸产生第三个灭点，这个点位于视平线上方称为天点，位于下方则称为地点。三点透视常用于表现高层建筑，视点的位置、角度不同，所见物体的长、宽、高都会产生近远变化，比如大仰视、大俯视。仰视状态下，物体原垂直线交于天点，俯视状态下，原垂直线交于地点。

绘制三点透视图时，先绘制视平线和视平线上的灭点，再确定天点或地点，根据灭点作延长线，画出物体的面。

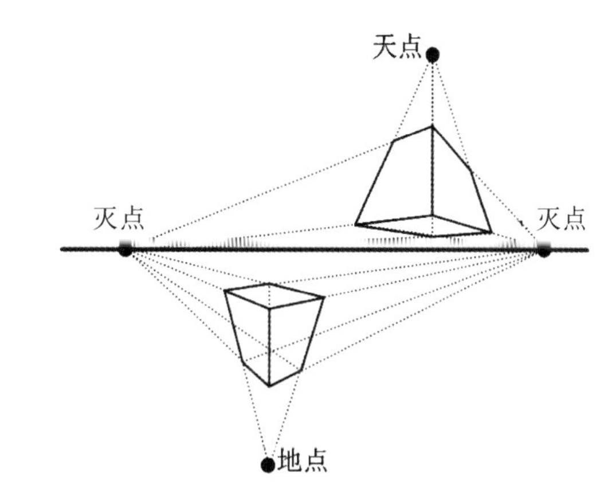

3.3　训练模式与方法

观察和把握空间中的透视和比例关系是三维空间思维训练的关键。学习没有捷径，需要通过一定量的练习和积累才能达到质的飞跃。

首先，对于空间透视关系的感知可以通过拷贝或是抄绘练习，体会结构关系与透视关系，增强空间感受能力和对物体造型的把握。一张优秀的景观快速表现图能反映设计者对美的追求和个性，因此，在临摹阶段，可通过临摹具有设计美感的作品，学习画面布局和画面整体形式美感的把控。强化对线条处理的训练，包括线条的曲直、线条的交错、面的连接与交错，以及学习如何运用点、线、面、体表达单体景观要素的材质、形态特点及景观空间结构关系。同时学习对称、均衡、韵律、节奏、协调、对比、渐变等形式美法则在三维空间的表达方式，有助于培养捕捉美和运用美的能力。

其次，可以进行透视原理与法则的练习，从几何体块的一点透视、两点透视、三点透视再到景观单体要素的一点透视、两点透视、三点透视，最后到景观场景的透视，层层深入。

（1）几何体块三维训练

所有的物体都可以被当作许多几何体块堆叠而成，因此对于透视原理的三维训练可以从简单的几何体块入手。如一点透视可以先在纸面上确定好视平线和灭点，并绘制数个几何面，通过一点透视原理连接灭点和几何面上顶点，确定深度，形成几何体块。两点透视可以先在纸面上确定好视平线和灭点，并绘制数个几何面，通过两点透视原理连接灭点和几何面上顶点，绘制宽度和深度，形成几何体块。在练习一点透视和两点透视时可提升难度，如绘制具有前后关系、穿插关系的几何体块。在熟练掌握透视原理后可直接在纸面上绘制物体的长宽，依据“近大远小”透视原理通过想象绘制物体深度。

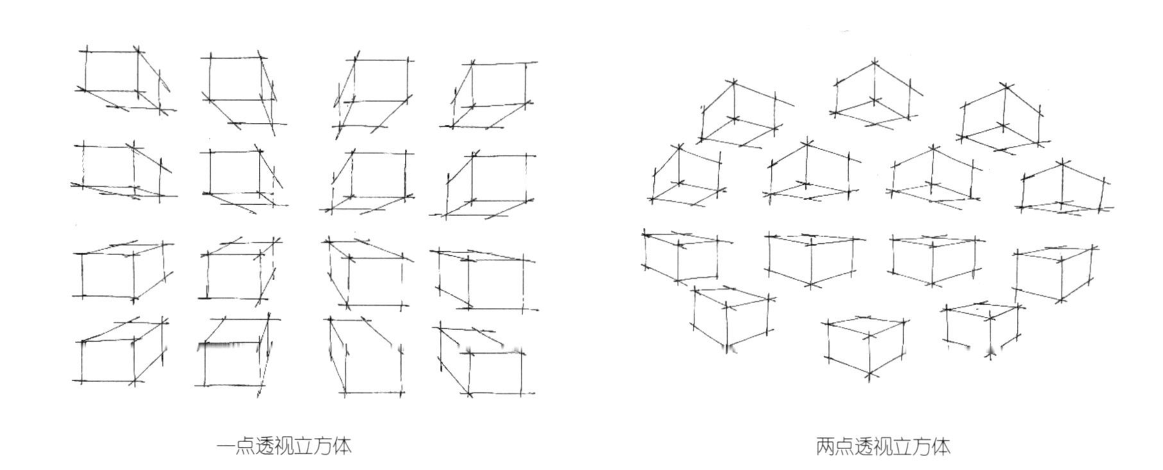

一点透视立方体　　两点透视立方体

（2）景观单体要素三维训练

景观要素通常指组成景观的个体成分,包括自然景观要素和人工景观要素。其中自然景观要素主要指自然风景，如山体、植被、河流、湖泊、气候、土壤、动物等。人工景观要素主要包括建筑物、城市、道路、古迹、雕塑小品、绿化带等满足人文社会需求而人为建造形成的景观。

不同景观空间环境类型下的景观要素也不同。因此在进行景观要素三维训练时要注意不同空间环境下景观要素的表达，例如，自然景观环境中植物的生长态势，以及人工景观环境中植物配置的层次感，这些细节虽小但在临摹和学习过程中要仔细琢磨，反复练习，不断积累，形成景观要素素材库。这样在绘制景观三维场景时便能根据场景可以选择适当的表现方式。

在进行景观单体要素三维训练时，可运用针管笔或是钢笔先对单体要素进行临摹练习，注意相关造型的透视和尺度，熟练后可对单体要素进行组合绘制练习。对单体要素进行组合绘制时可重复运用一点透视、两点透视、三点透视的原理，多角度进行练习。

（3）景观场景三维训练

景观场景三维训练是景观快速表现技法中十分重要的一部分，景观场景的三维布置即日常所说的“构图”。好的构图不仅能让观者在短时间内捕捉画面所要表达的重点，使画面内容一目了然，同时可以反映设计师的个性和水平。同一场景，不同的构图方式会带给观者不同的感受。构图不仅要确认视平线的高低、透视采用的方式以及灭点的位置，还要处理好画面各要素的主次、虚实关系。针对景观场景三维训练，要处理好空间的组成要素的透视关系，以及各要素与空间的关系；要把握好空间中各要素在场景中的比例和尺度，最后检查空间各要素之间的协调性。换句话说，首先要根据想表达的内容和实践要求决定画面将采用的透视原理，即采用一点透视或三点透视。其次决定视平线的高低。一般视平线采用人视，即纸面中间或中间偏下一点的位置。若想要表达视野空间更加开阔的效果，如绘制较大建筑时可将视平线再向下偏移至接近纸面底部的位置。视平线位置的选择练习可通过绘制同一场景同一角度，偏移视平线来找感觉。

再次确定灭点的位置。灭点的位置决定了场景的角度，灭点位于视平线中心时画面左右对称，常用于绘制庄严的场景如纪念性建筑、广场等。灭点位于视平线左右侧，画面的左右不均衡会使画面更加生动。灭点位置的选择练习可通过绘制同一场景同一视平线，偏移灭点来找感觉。

掌握好透视原理、视平线高低、灭点位置的不同给画面带来的不同效果后，最后应关注空间各要素之间的协调性。空间的各组成要素与空间的关系包括空间中各要素在场景中的比例、尺度及虚实等，通过临摹方式进行练习并总结相应处理方式。如使用前景树作为画面的边界，将背景树虚化绘制，使画面更有层次，更加协调。

3.4　平面图、剖面图及鸟瞰图的快速表现

手绘平面图、剖面图及鸟瞰图常用于方案的构思期和方案交流的过程，其快速的特点是电脑无法取代的。剖面图则常作为平面图和立面图的进一步解释说明，直观地展现地形变化和空间层次关系。在进行平面图、立面图、剖面图及鸟瞰图的快速表现时也需遵循一定的绘图原则，如需注意比例问题、线型问题，线型上用线条的粗细、形态代表不同的含义，同时在必要处加文字说明，如节点详图。

（1）平面图

平面图是场地空间设计、平面布局及功能定位的综合体现，在绘制时需注意尺度的把握。首先确定好平面图比例，绘制道路和各景观节点，需确定好道路宽度、走向，节点的大小、形式，处理好道路和节点的关系。接着绘制植物、铺装、廊架、景墙等景观构筑物以及花盆、雕塑等景观小品，绘制植物时需依据植物配置原理，如植物的色彩搭配、植物在空间上的布局等。然后用不同线型增加节点和植物细节，如在植物平面上增加细节，以不同图例形式和色彩区分主景树、行道树、灌木、地被及草坪。绘制景观节点时需注意铺装形式、色彩，尤其是绘制入口景观或主要景观节点时，要进行深入刻画，使画面有主有次。

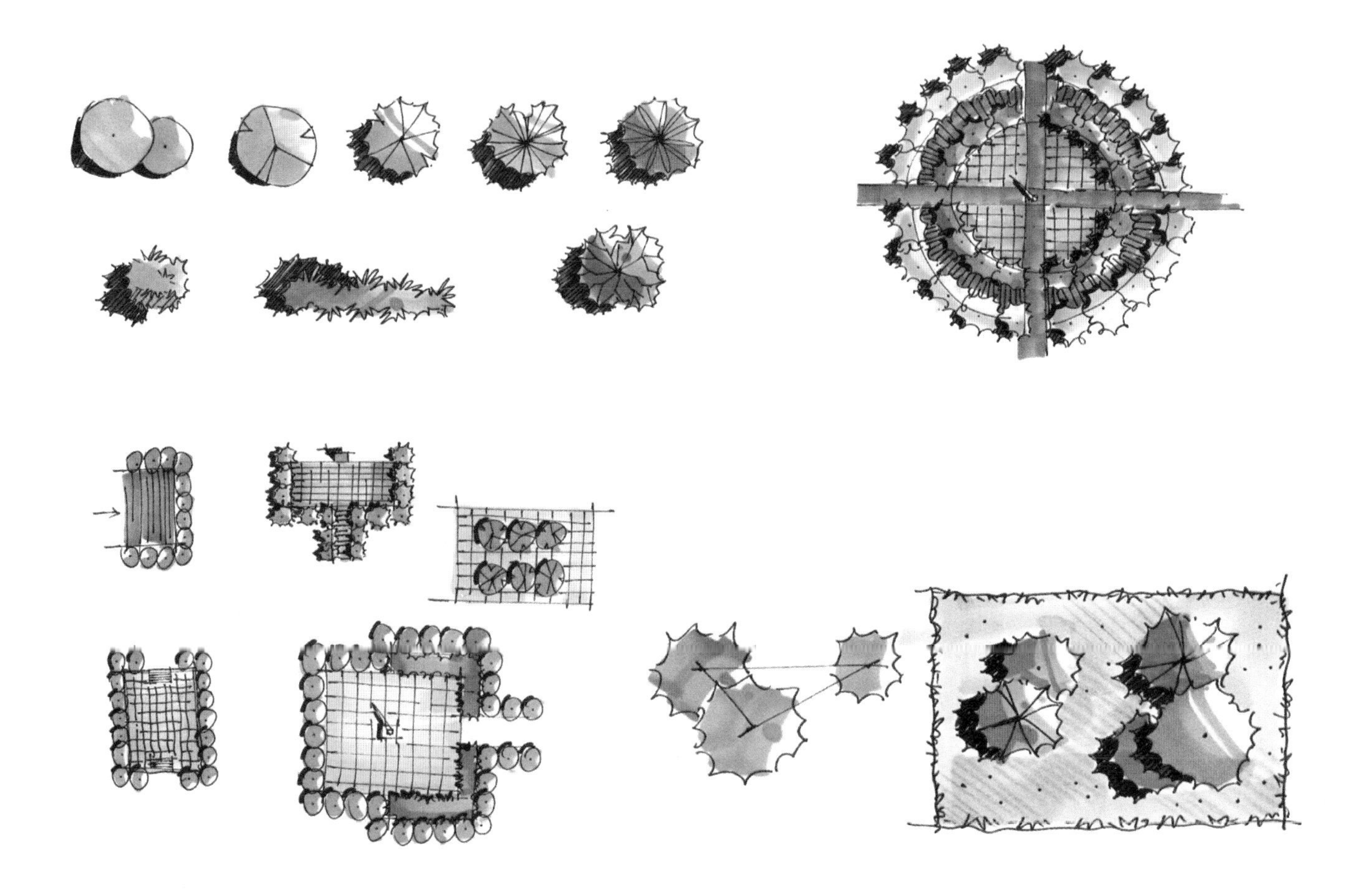

在进行马克笔上色时，首先确定光照方向，绘制物体的投影，通常北半球将光照方向设置为东南方，因此，投影方向绘制在物体的西北方，绘制投影时需注意物体的形态、体量、高低、层次不同，投影的形状、大小也不同。植物在景观环境中具有层次性，乔木层下为灌木层，灌木层下为地被层，因此，在绘制植物投影时建议使用深灰色系马克笔，绘制投影时可稍留有空间，使下层植物不会被上层植物的投影完全遮盖。绘制投影后绘制大面积的树，采用由浅至深的原则，先用浅绿色铺涂树丛、草坪，铺涂时要预留一定的空隙。采用深绿色绘制树丛暗部，树丛的色彩应重于草坪。接着绘制行道树、主景植物的色彩，使用黄色系、红色系等绘制色叶植物，使平面图上植物的总体色彩丰富。

在绘制景观节点的色彩时需注意色彩的对比和协调，景观节点的色彩不宜过多，节点与节点之间的色彩应统一色调，确保平面图整体的协调，不可对各节点过度刻画。对景观小品和构筑物的色彩绘制时，同景观节点一样，选色应尽量统一，使整体画面达到和谐。

（2）剖面图

剖面图与平面图是密切相关的。剖面图与立面图、断面图的概念不同，立面图是对场地某一立面进行绘制，无法体现竖向特点；断面图是对场地的某一剖切面进行绘制，只能绘制所剖切到的部分；剖面图可以认为是立面图与断面图的结合，不仅能体现竖向特点、平面图设计的细节，还能体现剖切部分外的立面效果。

在快速表现剖面图时，首先需在平面图上标示出剖面图需绘制的区域范围。一般剖切的部分主要为有代表性的具有竖向变化或有构筑物或有丰富的植物层次效果的景观。绘制时需正确使用剖切符号,长的一侧是“剖”的方向，短的一边是“看”的方向，简称“长剖短看”。

确定好要绘制的剖面范围，首先用铅笔大致勾画出地形、构筑物及植物的位置。由于竖向高度与场地大小相差较大，若完全按比例绘制会使竖向上物体较小，因此在竖向上可较夸大绘制，但要保持竖向上物体的相对高度和大小准确。上墨线时，绘制构筑物与植物的具体位置并刻画细节，如构筑物的形态、乔灌草的纹理等，最后进行竖向标高，并标注剖面图中重要节点名称。

雕塑
+4.500
+0.700

雕塑
+4.500
+0.450
+0.700

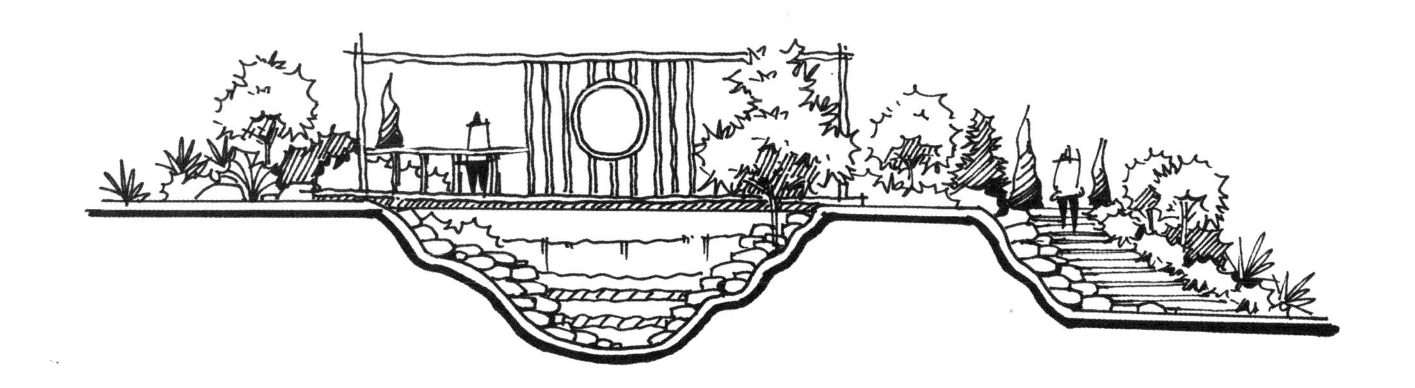

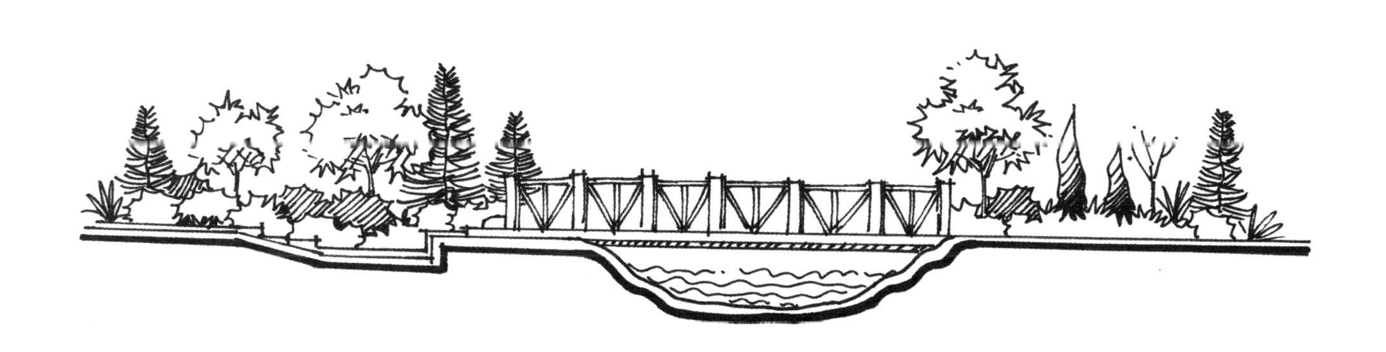

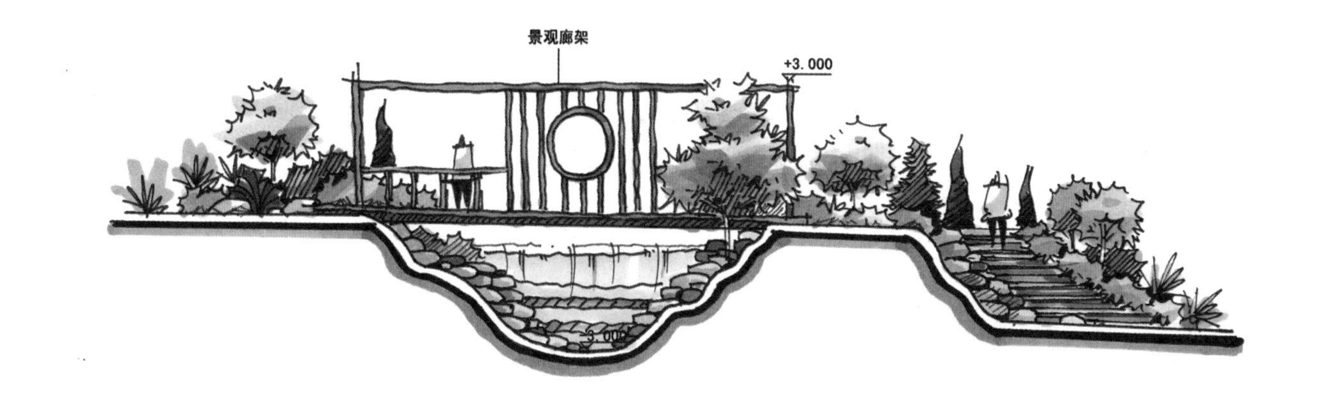
景观廊架
+3.000
-3.000

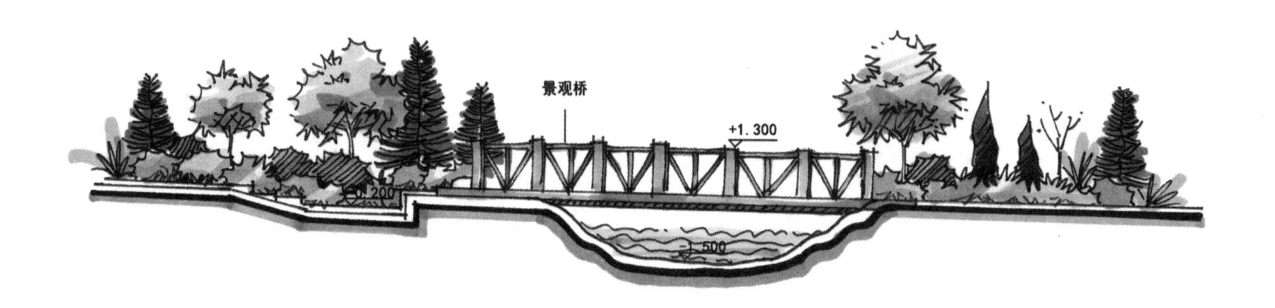
景观桥
+1.300
-0.200
-1.500

（3）鸟瞰图

鸟瞰图是透视图的一种形式，灭点相对较高较远，可以反映从高处某一点俯视场地的图像，相比平面图更加真实，不仅可以反映场地的地形地貌，还可以更清晰宏观地表达出各景观要素在空间中的相互关系。鸟瞰图是快速表现的重要组成部分，它在空间设计中的应用有利于方案设计的调整。绘制一张鸟瞰图不仅需要绘图者具有良好的快速表现基础，还需要绘图者能准确理解空间尺度。

鸟瞰图的绘制是依据平面图而来，在绘制前先确定鸟瞰图绘制的视角，通常选择平面图上靠近主入口一侧作为主视方向，或选择重要景观节点较为集中的一侧，如滨水场地则选择滨水一侧作为主视方向。确定好视角后拟定鸟瞰图采用的透视方式，绘制鸟瞰图常采用一点透视法或两点透视法，相对而言，两点透视法更为常见。确实好透视方式后确定画面上的透视角度，通常场地边界在纸面上的夹角为 90 ～ 120 度，再根据场地形状、比例、尺度依据近大远小的原则确定场地上建筑、景观小品、水体等细部的位置、范围等。位置确定后选择场地中的一参照物确定出建筑、植物等高度。

初学者因对空间尺度和透视关系把握不够准确，故可采用网格法进行绘制，即依据近大远小的原则将场地均分为若干个网格，再依据网格确定各个物体所在位置。相比直接绘制而言，网格法较为准确但耗时较长。

线稿绘制完毕后为其上色，使用马克笔上色时同绘制平面图类似，先从物体投影处开始着笔，从整体出发，确定画面的大体基调；所有物体的投影绘制后，绘制水体、草坪、树丛等大面积需要铺涂的部分，铺涂时由浅至深绘制，先绘制亮面，再叠加暗面，紧接着同样根据由浅至深的原则绘制乔木、灌木、建筑及景观小品等。绘制时需注意马克笔的覆盖与笔触，画面的暗部颜色干透后，再进行第二遍上色突显暗部，加强明暗关系。最后从整体上对画面进行调整，对部分地方加深阴影关系或适当体量，使画面整体更富有空间立体感。

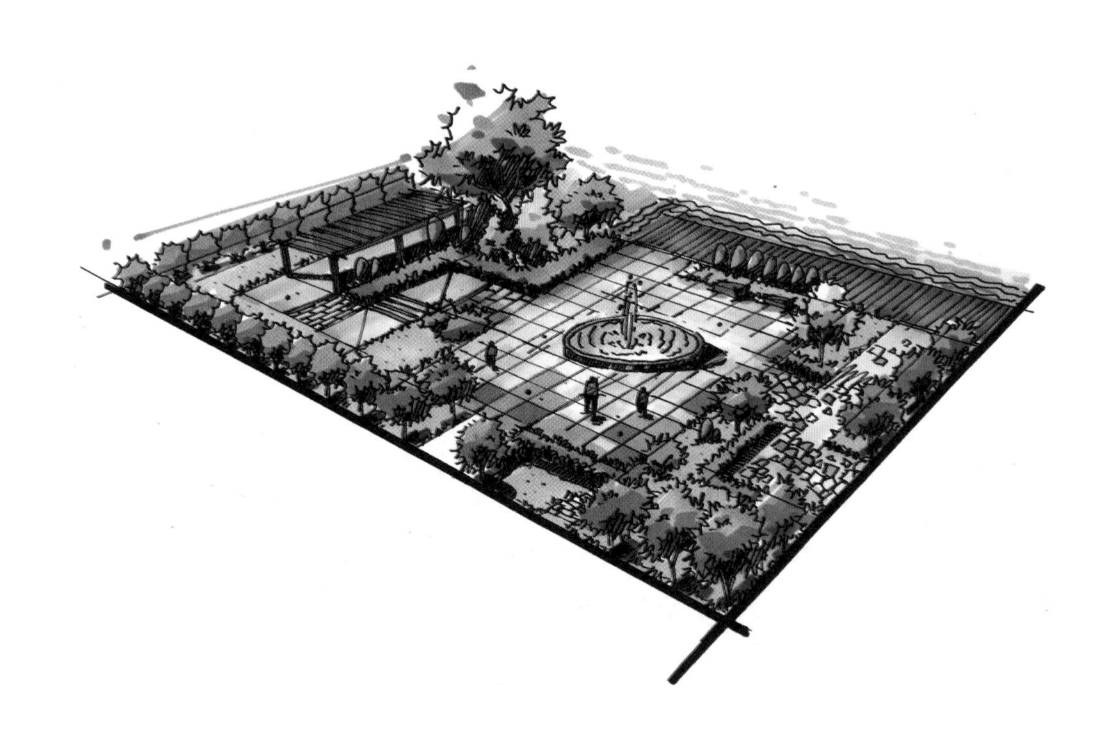

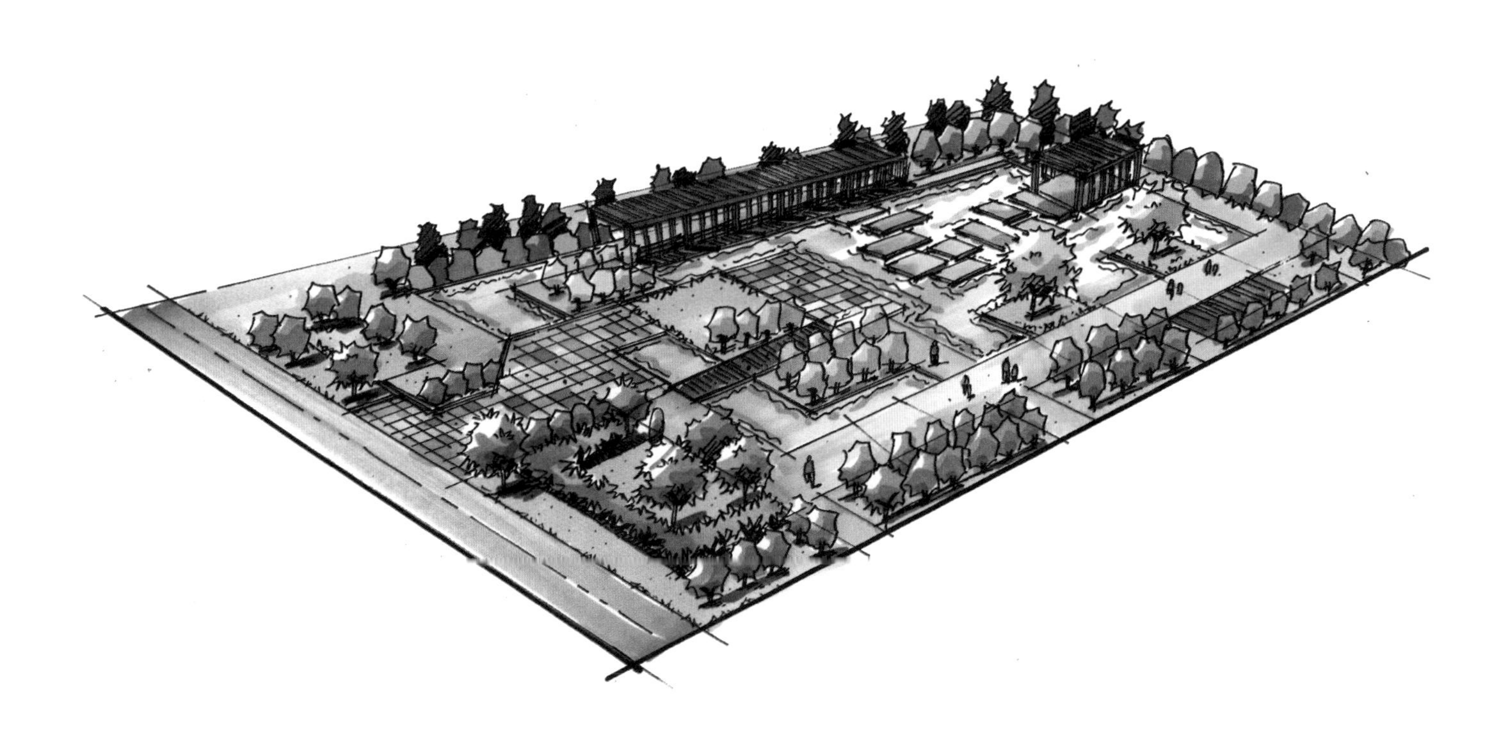

第 4 章　景观常见构成要素表现技法研究

园林景观通常由三大部分组成：园林景观空间、园林景观设计要素及其他景观要素。

园林景观设计要素包含人工景观要素和自然景观要素，依据园林本于自然又高于自然的特点，二者相互影响相互发展，贯穿整个园林景观发展史。

在各景观设计要素中，最常见的景观要素即山石、水、植物。这三者源于自然，在园林的不断发展中演化出了人工山石景观、水景、人工栽种的植物，通过自然与人工的组合，形成独特的景观环境。山石、水、植物的造型、色彩、质地、尺度及空间布局等在景观空间中常作为视觉焦点，起到点缀空间、美化空间的作用。设计师还会赋予山石、水、植物文化内涵，形成意境景观，传递更富有情感和艺术性的信息。

在进行山石、水、植物的快速表现时需要注意和场地功能、风格、色彩的协调。构图时需注意从主关系、对比关系（包括大小对比、强弱对比、质感对比、色彩对比、几何形状对比等）、节奏韵律、比例与尺度、整体与细部、单体与整体等的协调。

其他景观要素包括景观小品、铺装、人物等。在进行景观小品、铺装的快速表现时不仅要注意比例大小、形式形态，还要注意材质的表达。人物的快速表现则需注意人物在画面中的比例以及近大远小、虚实结合。

4.1　山石的表现技法

山石是景观中的重要元素，园林中常用天然石块与水、植物进行组合营造景观。天然石块根据产地和形态特点，常见的景观石有太湖石、页岩、泰山石、鹅卵石等。在景观设计中，山石常直接布置在公园、草坪、校园及庭院等地，或被制成石桌、石椅放置，有很高的观赏和实用价值。

山石的快速表现技法首先体现在线条的运用上，首先对石块进行整体布局，确定石块的比例与大小，勾画出石块的轮廓，线条应尽可能果断硬朗，转折处棱角分明，若石块底部与地面衔接处有植物或是石景与水景结合，则一并绘制，使画面刚柔结合。

石块姿态万千，色彩不一，纹理各不相同，表面常因自然侵蚀形成斑驳孔洞或生有苔藓等，因此在绘制时还需注意石块的细节刻画。寻找石块的明暗面，通过线条表达亮面、暗面来体现石的立体感。暗部的绘制能迅速拉开明暗与空间的关系，因此从暗部开始强化明暗关系。在绘制阴影时排线应留有空隙，不宜过密，同时排线还应有过渡，即暗部至灰部的过渡。最后调整整体画面，加强山石与其他景观要素的对比关系。

4.2 水景的表现技法

北宋画家郭熙在其画论《林泉高致》中说：“水，活物也。”水是自然灵动的象征，有动水和静水之分，也有人工水体和自然水体之分。福建地理位置特殊，依山傍海，乡村景观中的水包括海、河、湖、溪涧、山泉、瀑布等。水的快速表现技法基本要点为靠近岸的地方和有物体的地方受物体影子的影响，使此处水流颜色浅，靠近水流出水口的地方由于水流密集因而颜色深。

绘制静水时，除绘制水面的涟漪、倒影外还需配以植物及鸟类丰富画面。河水和溪水或是缓缓流淌，或水流湍急，或清澈见底，或深不可测。河流溪涧往往配以植物、汀步、叠水、小桥等，要协调好画面各要素关系。瀑布山泉的绘制要注意由于重力的作用，应体现水流落入水中溅射开的动态景象。

绘制人工水体时多以喷泉为常见形式，通常用虚线表示水流的降落方向，水面位置绘制溅起的水花体现水流的动态效果。绘制色彩时通常在喷泉口水流密集处和水花处绘制蓝色，适当留白模拟动水在阳光下的反光效果。

4.3　植物的表现技法

植物是景观营造的主要元素，为乡村景观提供不可或缺的软质景观。福建气候宜人，雨量充沛，属亚热带季风气候，非常适宜植物生长，植物种类多样，植物层次丰富。乡村中的植物直接反映地域特征，在乡村景观中常将植物作为建筑的陪衬点缀，或利用植物作为主景、背景。根据植物在景观空间中的分布和组合情况，大致可以分为单株植物和植物组团。

（1）单株植物

在空间较大的景观环境中，大型的单株乔木可起到填补空白的画龙点睛作用。乡村景观中的孤植乔木大多为年代久远的古树名木和苍劲挺拔的乡土大树，雄伟的姿态和怡人的线条美常常一树成景。在福建乡村景观中，榕树、木棉等孤植的大型乔木常作为入口或者中心的标志，对乡村中的人来说既是景又是贯穿生活和成长的记忆。除乔木外，单株的山茶等观花、观叶灌木也可成景。

在进行快速表现时，首先要观察好植物的形态特征，不同植物的姿态、色彩、高度及体量不同，从枝干类型分有笔直型和分叉型；从叶片类型分有阔叶型和针叶型；从叶色类型分有冷色型和暖色型。其次在绘制时应从植物的枝干开始绘制，注意枝干的分枝结构、转折及节奏感，合理安排主干与次干的疏密布局。最后，在绘制叶片时，应注意叶片的形态和光线对植物的影响，即近光处的叶片绘制时应简练，背光处的叶片则要刻画细节和投影，然后在反光处增加反光效果，突出画面质感。

乔木类

在绘制乔木时，首先对其形态结构进行分解，即树冠和树干。在刻画树干的时候应注意树干的粗细和高矮比例，强化其“主杆粗，支杆细”的特点。其次是对树冠进行刻画，树木本是自然生长的植物，正如德国哲学家莱布尼茨说的：“世界上没有两片完全相同的树叶”，所以在对树冠进行刻画的时候应抓住叶片的形态特点，将看似杂乱无章的树叶进行归纳，以组团式的形式对其进行分组描绘，并注意组与组之间的疏密、虚实、质感。树叶常见的形态有椭圆形、心形、披针形、扇形、卵形等。同时在刻画乔木时还应抓住植物整体形态特点，例如在绘制榕树时需将其叶片椭圆形、气根发达等特点表现出来。

棕榈科植物在福建地区也较为常见，其树高差异化大，树冠与树干呈上大下小的“丁”字状。在绘制棕榈树时，应注意叶片与树干的特点。棕榈树的叶片细窄且尖锐，在绘制过程中应进行分组刻画，并注意叶片从根部到尖部由大到小渐变处理。而树干的绘制则需注意其纹理，应以横向纹理为主，从上到下进行疏密、虚实的变化。

灌木类

在绘制灌木时，首先，要分析其特点。从枝干和丛生形态出发。与乔木相比，灌木较矮小且主干支干没有明显区分。因此在绘制大灌木时应将其枝干丛生的特点绘制出，且需注意枝干前后交叠的空间关系。除独株大灌木外，绿篱是灌木的常见形式，在刻画时应先观察其形体，确定透视关系。其次，注意光影，受光面应做留白和简练描绘，背光面则刻画细节和质感。最后，给予投影，塑造画面的立体感。在这里，需要强调的是绿篱的刻画应将植物本身丰富的层次和“枝繁叶茂”之感刻画出来，不可过于单薄。

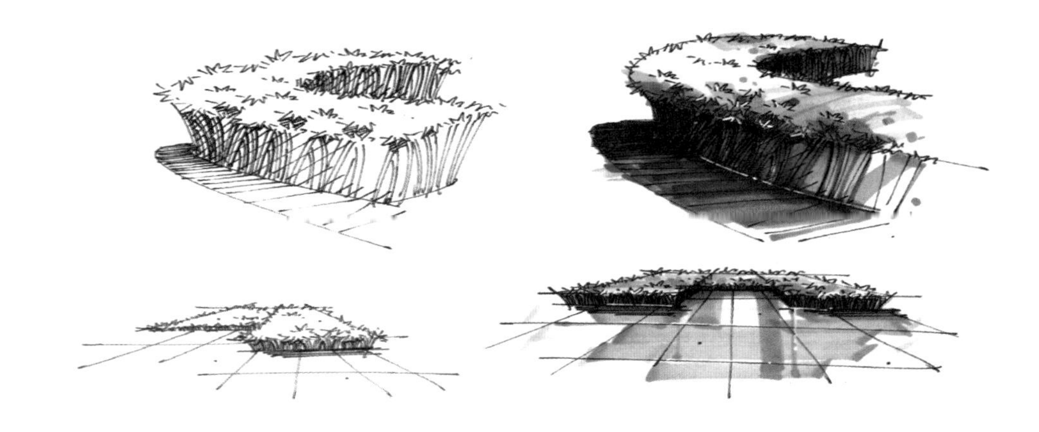

（2）植物组团

在乡村景观中，植物组团不同于城市中的植物组团，而是多为自然组团，因此，植物组团无序中带有层次，不仅存在前后关系，也存在上下层次关系，在绘制时首先确认植物组团中各植物的相互空间关系，即“乔—灌—草”上下层次关系、“近景—中景—远景”前后层次关系。然后可先在纸面上勾勒出各植物的形态、长势及相对位置，再从前往后、从下至上绘制不同层次的植物。

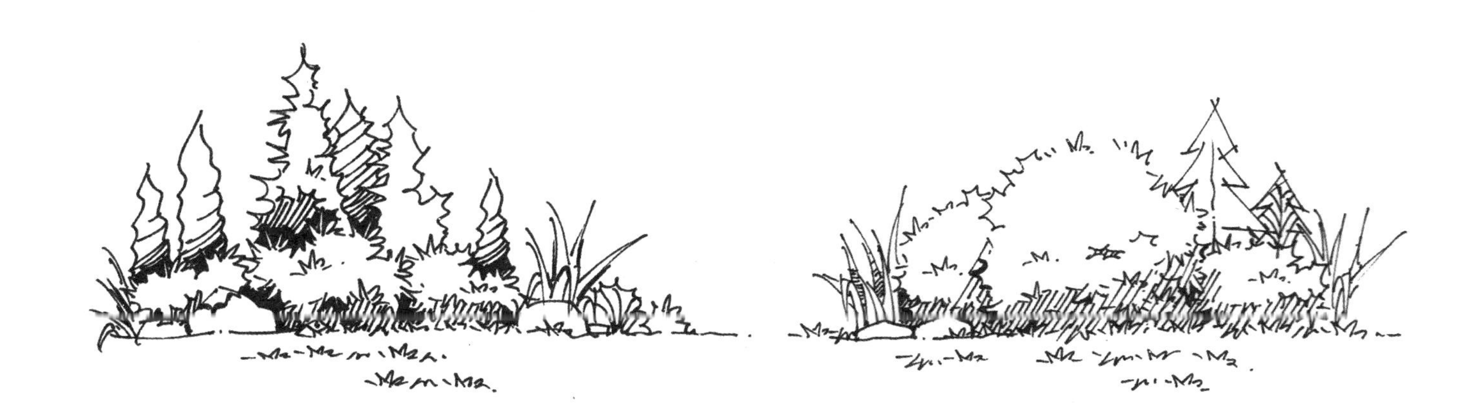

在植物上下层次关系中，每一层次也同样存在前后和上下关系，如位于下层次的地被植物，包括普通草地及地被草花。地被植物根据其生长习性和生长态势，大致可以分为直立型、匍匐型、丛生型、蔓生型等。在进行快速表现时首先判断地被植物是否为画面的重点，以及地被植物的组成有哪些，若花草作为前景时则需要就其形态特征进行深入刻画，对灌木和乔木简要处理。若作为远景则可以绘制其轮廓，且对于植物边缘的处理应注意植物相互的遮挡关系，营造若隐若现的效果。

在植物前后层次关系中，背景植物十分重要。它是景观环境的基调，同时也可体现空间近远层次。因此，在快速表现时，背景植物无须深度刻画，但需表现林木的郁郁葱葱，色彩上根据画面上的植物色彩基调而定，使用较淡颜色或较深颜色，使空间更具立体感。需要注意的是同一植物在景观中的表现方式可能不同，这取决于它在景观中的作用和尺度，当其为主景或近景植物时将其深入刻画，包括叶片、枝干等；当作为配景植物或中景植物时用其枝干代表其形态；当作为背景植物或远景植物时则用其形态轮廓为代表。

4.4　其他景观要素的表现技法

（1）材质的表现技法

材质是材料和质感的综合体现，材料的快速表现需掌握材料形态、肌理、色彩等多方面，材质的快速表现不仅要考虑材料本身的特点，还需考虑质感肌理，这也是快速表现中区分材质的要点和关键。通过材质肌理的快速表现，体现出材料与质感。景观中常见的材料表达主要有石材、木材、金属。

同样的材料，表面肌理、质感及色彩也会有所不同，如石材中毛石粗犷刚劲，鹅卵石光滑；木材的纹理和色彩更是多样。在进行材质肌理的快速表现时还需注意纹理的自然，根据材料的特点绘制相应的质感肌理，每一细微的单元形态大小应有所不同，纹理的排列方式也应有规律而又不呆板。

在进行棱角分明的石材纹理的快速表现时，无论石材是扁平形还是直立形，用笔切勿太快，要注意线条的走势和曲折，使线条明快、硬朗，有顿挫感。绘制鹅卵石等表面光滑的石材时，用笔则应流畅、柔和。

木材本身具有天然的纹理，常作为装饰材料，纹理自然而细腻。木材的快速表现要求反映出木纹的肌理，绘制时可先选用同一色系的马克笔重叠画出木纹，也可用钢笔、马克笔勾画出木纹线。不同的木材，色彩和纹理不同，可用不同形态的木色和纹路表达。

金属、玻璃、镜面等的材质与石材、木材不同，其表面感光、反光十分明显，作图时在表现其形态的基础上，可适当地表现其自身的基本色相和明暗。因受各种光源影响，其反映出的色彩通常为自身色彩与光源色彩的叠加，受光面明暗、强弱明显，且具有闪烁变幻的动感光斑，刻画可用笔触快速轻涂达到效果，尤其是金属物体转折处、明暗交界线和高光处的处理。

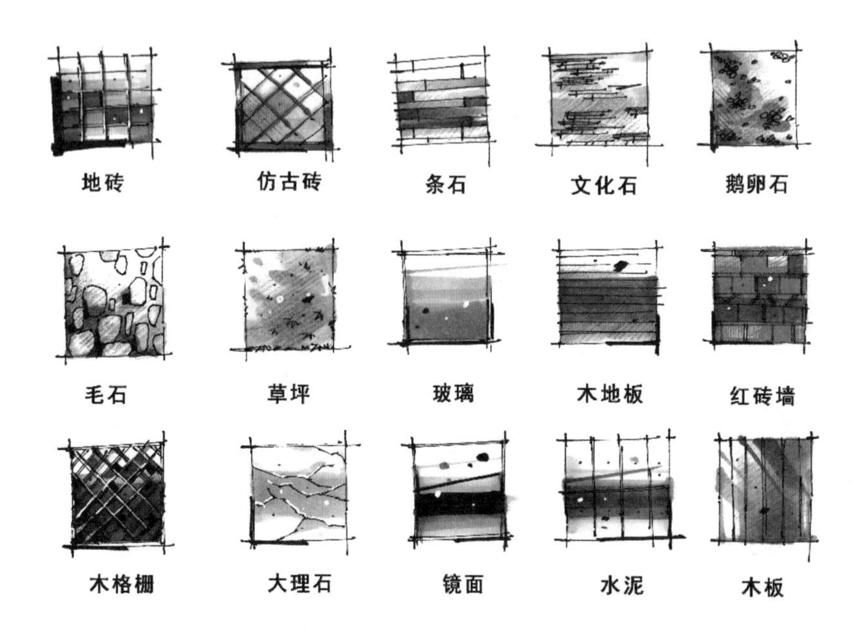

（2）人物的表现技法

人物线稿表现时首先要注意人物的身长比例，一般站立状态为 7 个头长。通常在快速表现中，不会对人物的细节进行刻画，而是通过绘制大致人物结构来体现，包含头、躯干、上肢、下肢四个部分。男女的表现，通常通过人物轮廓、配饰及色彩进行区别。如男性线条棱角分明，女性线条圆润；女性着裙子，佩戴包袋，男性着裤子，佩戴领带等；女性色彩鲜艳，男性色彩稳重。儿童的表现则通过大小和姿态来表现，通常由大人牵着或手持气球等。

在绘制人物时需注意人物动态的刻画，例如，处于静止站立状态的人双脚处于同一水平直线；处于运动状态的人，衣着有动态的飘逸感；同时双脚一前一后表示正在行进。无论静止状态或是运动状态，均需根据光照方向和人物姿态绘制人物的明暗和投影。

（3）景观小品的表现技法

景观小品是指室外环境中小体量、造型新颖、美观别致、兼具使用和审美功能的人工构筑物，是景观环境中不可或缺的组成要素。景观小品是展示景观环境及景观空间的重要载体，常常在景观空间中起到点缀空间、点睛添色的作用。从艺术表现手法上，景观小品主要可分为具象、抽象、意象三个类别。

在进行景观小品快速表现时要注重景观小品外在形式的表达，包括景观小品的造型、形象、色彩、质地、空间、尺度和布局等。景观小品的材质使用丰富，除包括木、石、竹等天然材料外，还有砖、金属等人造材料。由于景观小品常使用多种材质进行组合，因此色彩上较为丰富。此外，景观小品的快速表现离不开景观小品放置的场地，也需关注景观小品的文化、主题等更深层次的内涵，同时需要注重和场地功能、风格、色彩的协调。在进行快速表现构图时需注意景观小品的主从关系、对比关系、节奏韵律、比例与尺度、整体与细部、单体与整体。如景观小品的大小对比、强弱对比、质感对比、色彩对比、几何形状对比等；景观小品的形、光、色等有组织的变化；以人的尺度为标准，绘制符合环境的景观小品等。

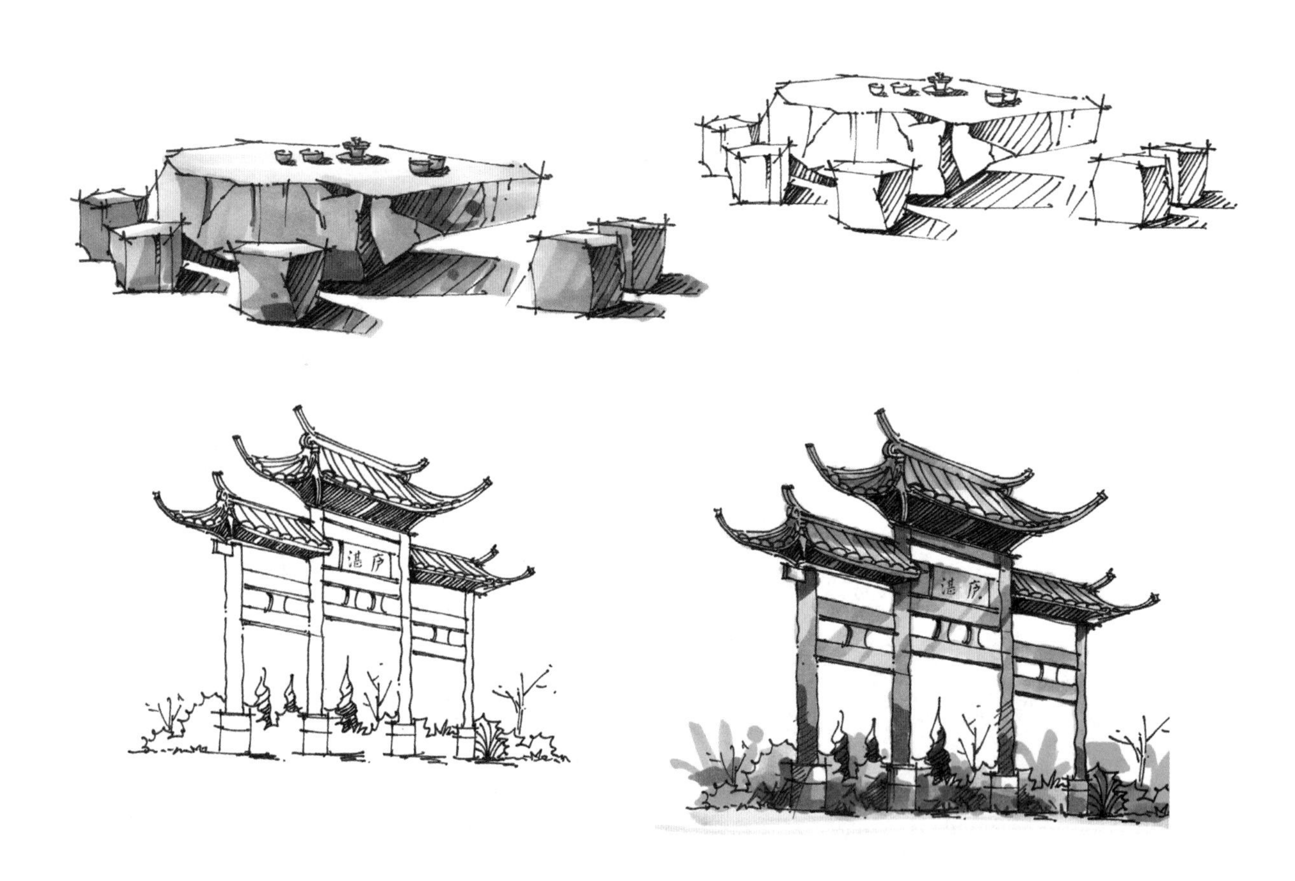

第 5 章　景观效果图表现技法研究

景观效果图表现技法即关注效果图整体效果的呈现，整体效果的呈现与构图、明暗关系的处理等密切相关。构图指的是对设计元素（点、线、面）在画布中的位置和结构进行安排的技术，使画面更加协调，更加突显主题等。好的作品离不开好的构图，在构图时需注意处理好画面中各景观元素的布局位置和在画面中所占的比例，做到主次分明、虚实结合，在处理画面明暗关系时需注意明暗之间的交替，使画面呈现均衡感。

5.1　主次分明

景观效果图快速表现过程中构图的主次分明体现在画面中各元素位置及结构的主从、大小等关系的安排，可营造视觉的中心和空间，使构图更加具有层次感，让观者更加直观地抓住绘图者所要描绘的重点。换句话说，主次分明的构图方式可用于表现重点营造的景观、建筑、景观小品等。

使景观效果图主次分明的基本构图方法主要为水平线构图、黄金分割构图、叠加法构图、三角形构图、九宫格构图、框架构图等。在这些基本构图方式中，具体选择何种构图方式来绘制取决于所要重点营造的元素的体量、结构以及其与周边环境的关系。在此简要介绍前四种构图方法。

（1）水平线构图

水平线构图就是画面以地平线、海平线或者其他能构成水平线的线条将场景及物体进行画面分割。在水平线构图中，通常主体部分与次要部分的留幅比例约为 2∶1，或使前景部分与远景部分的留幅比例控制在 2∶1，表现宽敞辽阔的大场面。

（2）黄金分割构图

黄金分割构图，被认为是最和谐的构图方式，即按照黄金分割的原则进行构图，把画面的主体安排在黄金分割线附近。九宫格构图是由黄金分割构图演变而成，即把画幅横向及纵向各进行三等分。将重要物体安排在分割线相交处附近。

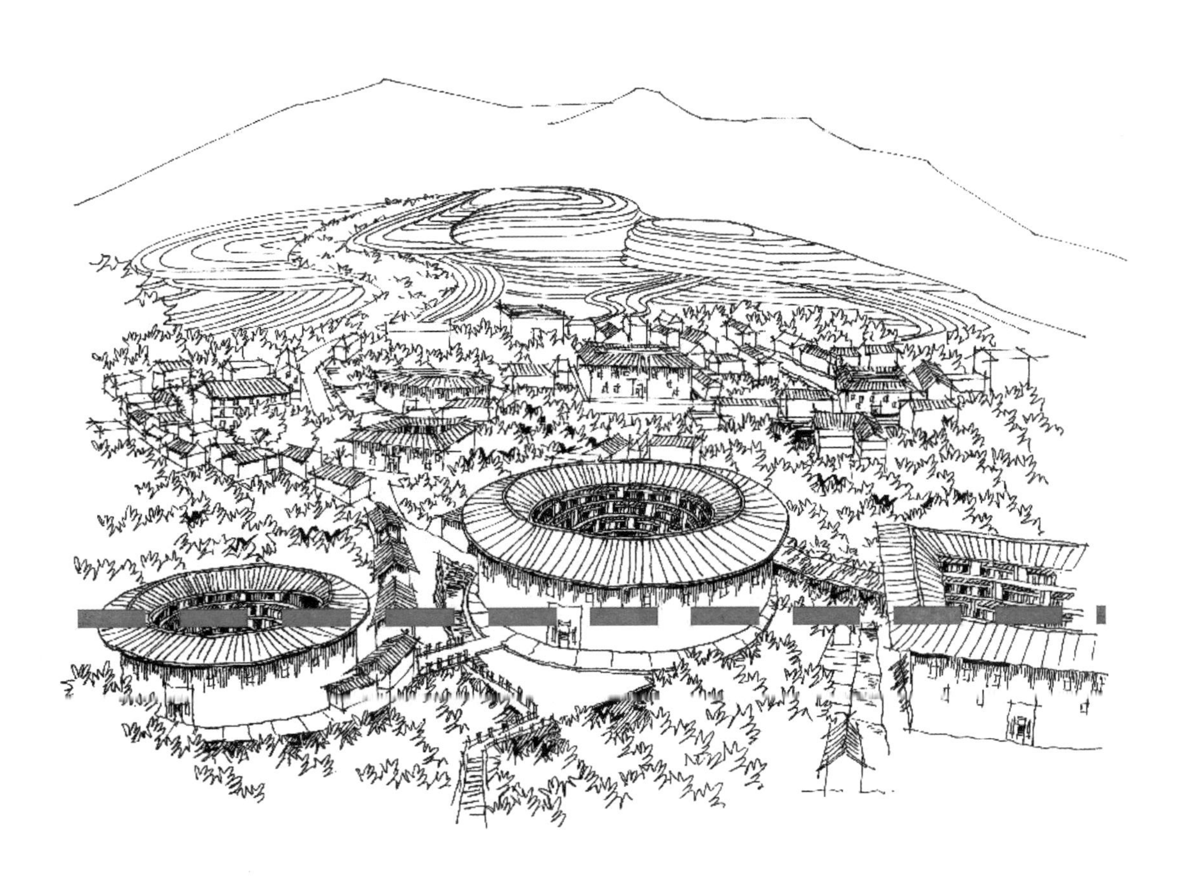

（3）叠加法构图

叠加法构图就是将多个相同或者相似的个体重复排列，在画面中形成整个主体，以此突显气势的构图方法。多个相同的个体根据近大远小的透视原理等距布置时可产生很强的节奏感、韵律感，形成独特的视觉效果。

（4）三角形构图

三角形构图即把画面中的物体按三点成面的几何视觉效果来布局，形成一个稳定的正三角形或斜三角形或倒三角形，其中斜三角形较为常用。通常将主体物体顶部作为三角形的一个顶点，最左和最右边作为三角形的另外两个顶点，使画面构图更加稳定。

除此之外，构图的主次还需注意，除特殊情况外天际线、地平线、海平线等水平线不能倾斜，否则会造成不稳定的感觉。对于主体的塑造，如果将主体孤立，没有对比及陪衬就会显得单调；若主体居于正位则稍显刻板，因此主体的位置可稍偏离中心，达到动态的均衡效果。画面中的元素等距排列，则显得呆板，适当改变角度，则会变得有主有次。

5.2　明暗交替

有光就有影，快速表现技法中光影效果可以让人们感受物体的质感和形状，明暗关系则能够更真实地表现画面场景，因此明暗关系是快速表现技法中不可缺少的部分。光影效果和明暗关系是因光线的作用而形成，光线的位置和方向会改变物体各组成部分的明暗关系，因此首先要了解物体的基本结构以及受光、背光位置。快速表现技法中明暗调子的铺设与素描和色彩的表现方法不同。素描、色彩的明暗关系是用铅笔或颜料以黑、白、灰三个层次来表现，这三个层次是三维物体造型的基础。这里所说的黑、白、灰并不是指画面中的纯黑、纯白、纯灰，而是指画面颜色明度所构成的明度等级，因此黑、白、灰关系上也不是一成不变的，无论是亮面、暗面或是灰面都存在深浅的区别。

在景观效果图快速表现技法中首先需要使用针管笔、钢笔以疏密不同、轻重缓急不同的线条表现，再用颜色深浅不同的马克笔加以表现。对线稿来说，明暗调子的铺设不单是为了表现物体的明暗关系，也是为后期马克笔表现做准备。

不同类型、不同方向、不同间距的线条进行排列组合，会给人不同的视觉感受，因此绘画时应注意明暗关系及光影效果的过渡。快速表现技法中用线条表现光影效果与明暗关系的方法如下。

（1）单线排列

单线排列是画阴影效果时最常用的方法之一，常用于绘制规则物体的阴影，如墙面、建筑等。绘制阴影时通常斜 45 度角排线，从表现技法上需注意线条排列整齐、首尾咬合，线条之间的间距尽量均衡，不应重叠。在较暗处，线条排列较密，较亮处线条排列疏朗，线条由密至疏均匀排列来表现明暗关系由暗至亮的过渡。

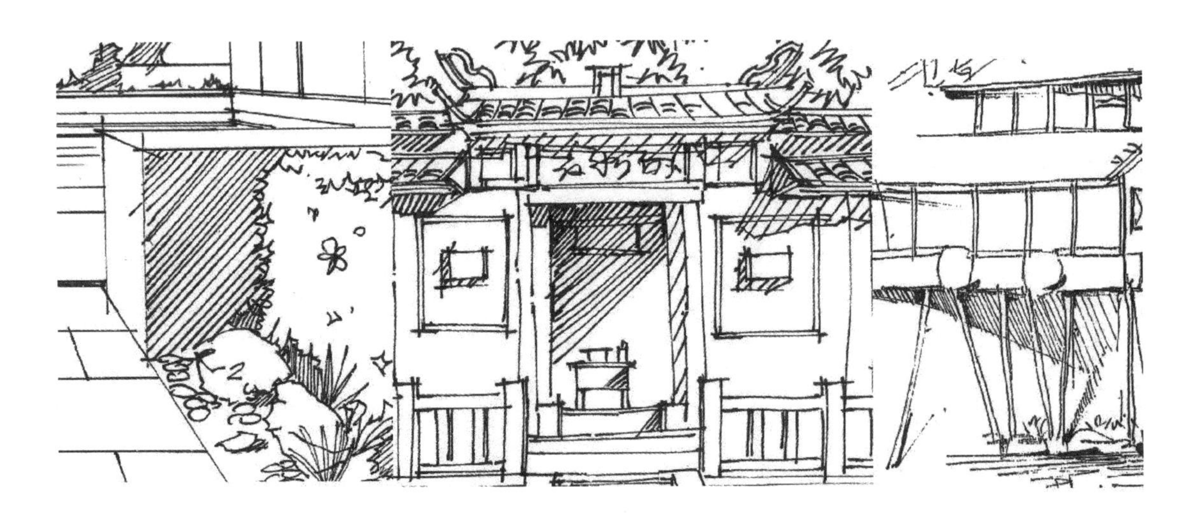

（2）线条随意排列

线条随意排列即在追求整体效果的同时使线条更加灵活，但并不代表盲目绘制线条。使用线条随意排列方式绘制阴影时需注意线条的方向的统一。此类线条排列时可有重叠，可与扫笔结合，接近物体的地方绘制的线条密集，远离物体的地方线条疏朗。

（3）线与点的结合表现

在快速表现技法中，常通过点与线相结合的表现方式来营造画面的明暗关系及光影效果。在绘制物体明暗关系及阴影效果时，常用不同方向、不同间距的线条表现物体的结构特点，点状绘图常用于绘制植物阴影的明暗关系来表现植物的灵动，给人带来生动的感觉。

5.3 虚实结合

快速表现时，我们需学会观察虚实变化，处理好画面整体的大小关系，表达虚实关系时用线条以示区分，如表达虚的部分时用相对简单的线条或断线表示。虚实的处理需注意：

（1）整体虚实

处理整体的虚实即把握画面整体协调性，在整体的大空间关系中，位于远处的物体或作为背景的物体做虚化处理，而位于近处的物体则突显出来，形成明显的虚实关系。

（2）局部虚实

在进行快速表现时不能将所有物体都绘制成实的，否则将会缺少空间层次的变化。要使局部虚实有所变化，在绘制单个元素时暗部及投影通常绘制成虚的，亮部、高光及明暗交界线通常绘制成实的，增加物体的形体感和立体感。

5.4 草图勾勒

用快速表现的方式进行草图勾勒是一名设计师表达构思、创意，捕捉记忆最直接、最有效的手段。快速表现绘制草图与快速表现绘制效果图不同。快速表现效果图需表达出较为准确的场景效果,让人能直观地感受物体的尺度,线条较为清晰优美，画面有虚有实、有远有近、细节刻画到位、色彩丰富。而草图的勾勒只是简单地表现场景效果,让人大致了解物体在空间中的尺度等，线条可稍潦草、放松，旨在以最快、最简明的方式表现方案，色彩上通常较为简单，没有过强的色彩刻画。快速表现草图也是方案交流中最常用的。

第 6 章　福建乡村景观快速表现技法研究

在进行乡村景观快速表现时，首先要识别所要表现的乡村景观的构成，包括景观空间各出入口、空间功能布局、空间路网设计、空间绿化分析、场地高差、景观的文化以及景观的细部。先将空间进行划分，然后依次绘制路网框架、山水、建筑、植物及景观细部线稿。绘制线稿后进行马克笔上色，先绘制植物、建筑的背光面及投影，接着依次绘制草地、水体、路面、植物。上色时要注意色彩变化、明暗关系等。最后检查画面，适当加深或提亮局部使整体画面更加协调。

福建乡村形式的多样和乡村特色主要体现在乡村的建筑上，不同地域使用的建筑材料有所差异，因而乡村建筑也各具特色。从地域上看，主要包括闽西土楼、闽南红砖房、闽中土堡、闽北夯土木构。除此之外，乡村是居所，是故乡，是充满生活气息的地方。因此，除了建筑、山水、植物，乡村景观中不可忽略的还有乡土人情、人文风貌，在乡村景观快速表现中也需关注这些。

6.1　福建省龙岩市长汀县濯田镇水头村——廊桥

水头村位于福建省龙岩市长汀县濯田镇。水头村位于汀江支流濯田河的源头,故而得名“水头”。水头村内青山、古名居、宗祠、廊桥独具特色，该村于2019年已被列入第七批中国历史文化名村和第五批中国传统村落名录。

廊桥也叫风雨桥，因这种桥的主要功能是为行人遮风挡雨、休憩乘凉。水头村的廊桥造型美观，古色古香，作为客家廊桥，它还蕴含着丰富的美学文化和风水文化。

（1）钢笔线稿

在绘制廊桥钢笔线稿的时候，首先，要注意整张画面的空间构图，廊桥作为整幅画面的主景构置在画面的黄金分割点的位置，绘制廊桥时，着重表现其建筑结构，包括屋檐的刻画、廊柱的刻画等，而部分细节可粗略绘制，如瓦片等。廊桥周边的绿植及小体量构筑物为配景，不可喧宾夺主。其次，廊桥下方的水景则需要注意大面积水域的透视，视点不可过高，否则容易画面失衡。最后，在画面虚实关系上，要注意近大远小、近实远虚的透视关系。

钢笔线稿步骤一：

钢笔线稿步骤二：

钢笔线稿步骤三：

钢笔线稿步骤四：

钢笔线稿完成稿：

（2）马克笔着色

在钢笔线稿完成后，我们尚不能看出廊桥的材质肌理，因此对画面着色时应着重考虑廊桥材质肌理的表现。在着色之初，首先，要确定画面光源的方向；其次，思考画面当中主要物体的固有色。如廊桥主体的棕色调、水体的蓝色调及植物的绿色调；最后，确定画面当中的亮部，如廊桥的青瓦，由于水体对光的反射以及材质本身的反射造成局部较亮的情况，因而需进行留白处理。

（3）整体铺色

对整幅画面进行大面积同色系铺色，但画面当中的明暗关系先不做处理，如图中的水体、植物等配景，这一环节的重点在于对整体色彩的营造搭配。

（4）区分明暗

当大面积铺色完成后，整幅画面就有了明确的色彩关系。这一环节就需要对画面的明暗关系进行初步刻画，加强廊桥、植物及其他主要配景的材质感。

（5）塑造整体

在明暗关系初步形成后，则要对画面的明暗进行深入刻画，通过对比的手法让画面暗处更暗、亮处更亮，如加深廊桥屋檐投射的阴影，形成暖阳打在廊桥上的效果。同时再次对画面的光感以及不同植物的远近关系进行塑造，使画面更加生动。

（6）画面调整

当整体画面塑造完毕后，则进入最后的调整阶段。在此阶段，可以搭配彩铅对画面进行一个过渡调整，如廊桥木质部分通过彩铅加强材质肌理，使整个画面更加完整统一，在一些需要表达高亮光的地方可以使用提白笔对画面高光进行处理，如水面适当点上高光表现水面的波光粼粼。

6.2 福建省龙岩市永定区下洋镇初溪村——土楼

福建土楼是以土作墙而建造起来的集体建筑，产生于宋元时期，于明末、清代和民国时期逐渐成熟。福建土楼主要分布在龙岩市、漳州市以及泉州地区。2008 年，福建土楼被正式列入《世界遗产名录》。

土楼建筑结构简单实用，虽无华丽的装饰，却充满着神秘感。福建土楼的外形多样，呈圆形、半圆形、方形、四角形、五角形、交椅形、畚箕形等。土楼的建筑材料就地取材，主体建筑为土木结构，土楼的墙基主要为石料，屋内地面多用杉木，门框、台阶多为花岗石或青石。功能则兼具居住、祭祀、聚会、屯粮、饲养牲畜等。

初溪村位于福建省龙岩市永定区下洋镇，因村子位于初溪上游，故名初溪村。初溪村群山环抱，绿水环绕，梯田层层叠叠，以土楼群闻名。初溪村于 2019 年入选第七批《中国历史文化名村名册》。

初溪村的土楼群明代始建，是永定“三群两楼”中的一群。初溪土楼群是徐氏客家人的聚集地，由五座圆楼和数十座方楼组成，成为世界文化遗产的福建土楼中最古老的集庆楼和最年轻的善庆楼均在初溪土楼群中，其中集庆楼也是全国重点文物保护单位。初溪土楼群中土楼的主要种类有长方形、正方形、圆形、六角形等，圆楼包括集庆楼、善庆楼、庚庆楼、福庆楼、余庆楼，正方形楼有绳庆楼，六角形楼有共庆楼，长方形楼有华庆楼、锡庆楼、藩庆楼。它们依山傍水，错落有致，布局合理，充分体现了人与自然共生的天人合一思想，同时彰显了中国劳动人民的智慧，体现了极高的美学艺术价值。

（1）钢笔线稿

在绘制土楼钢笔线稿的时候，在构图上，土楼作为整幅画面的主景应置于画面中部，同时为了表现土楼群整体的空间效果，土楼群宜构置在画面的 1/2 水平线位置，自上而下的视角属于局部鸟瞰的效果；整幅画面由三部分组成即近景、中景、远景，需要运用近实远虚的透视法则来表现画面前后的关系。

钢笔线稿步骤一：

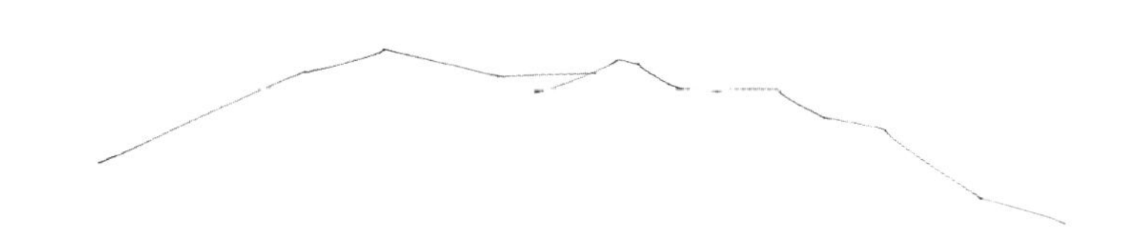

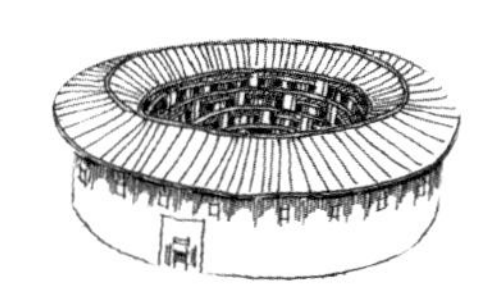

钢笔线稿步骤二：

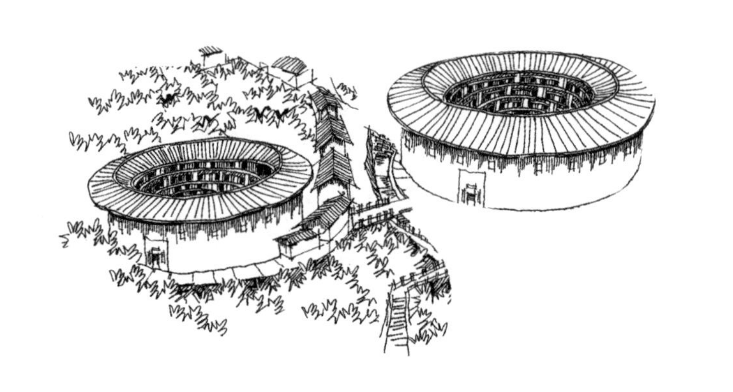

钢笔线稿步骤三：

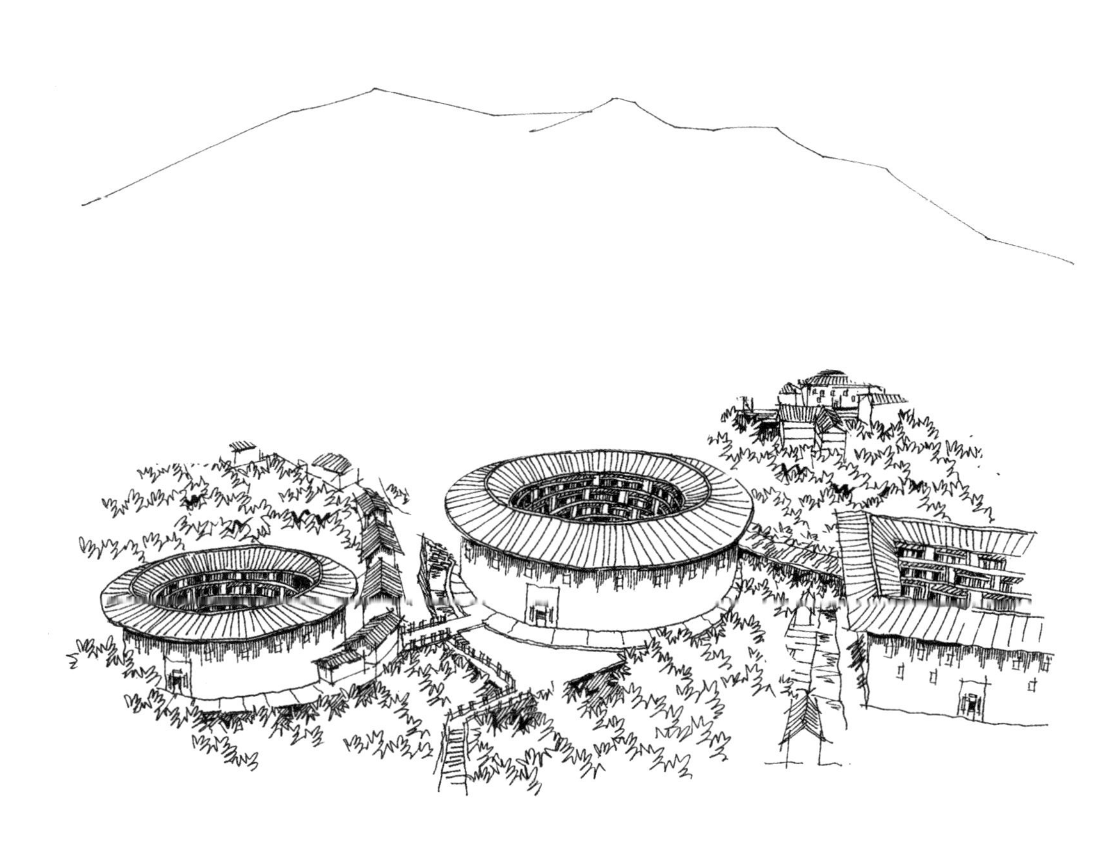

钢笔线稿步骤四：

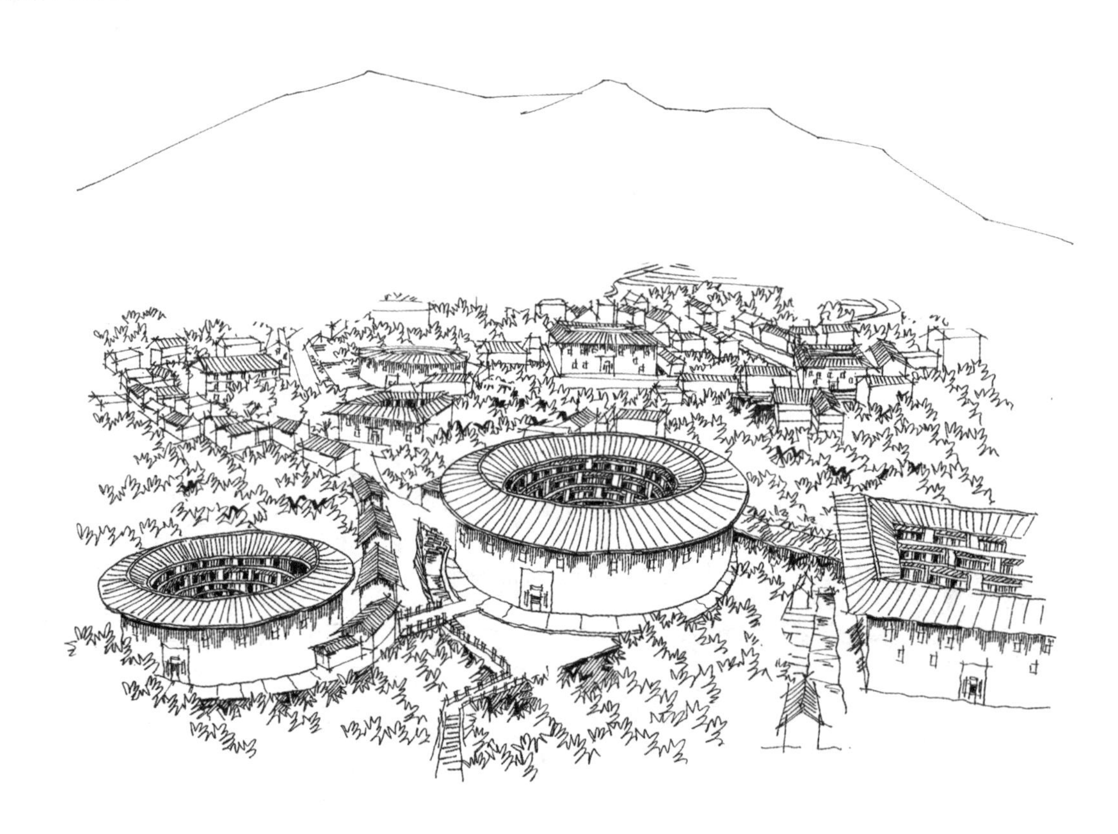

钢笔线稿完成稿：

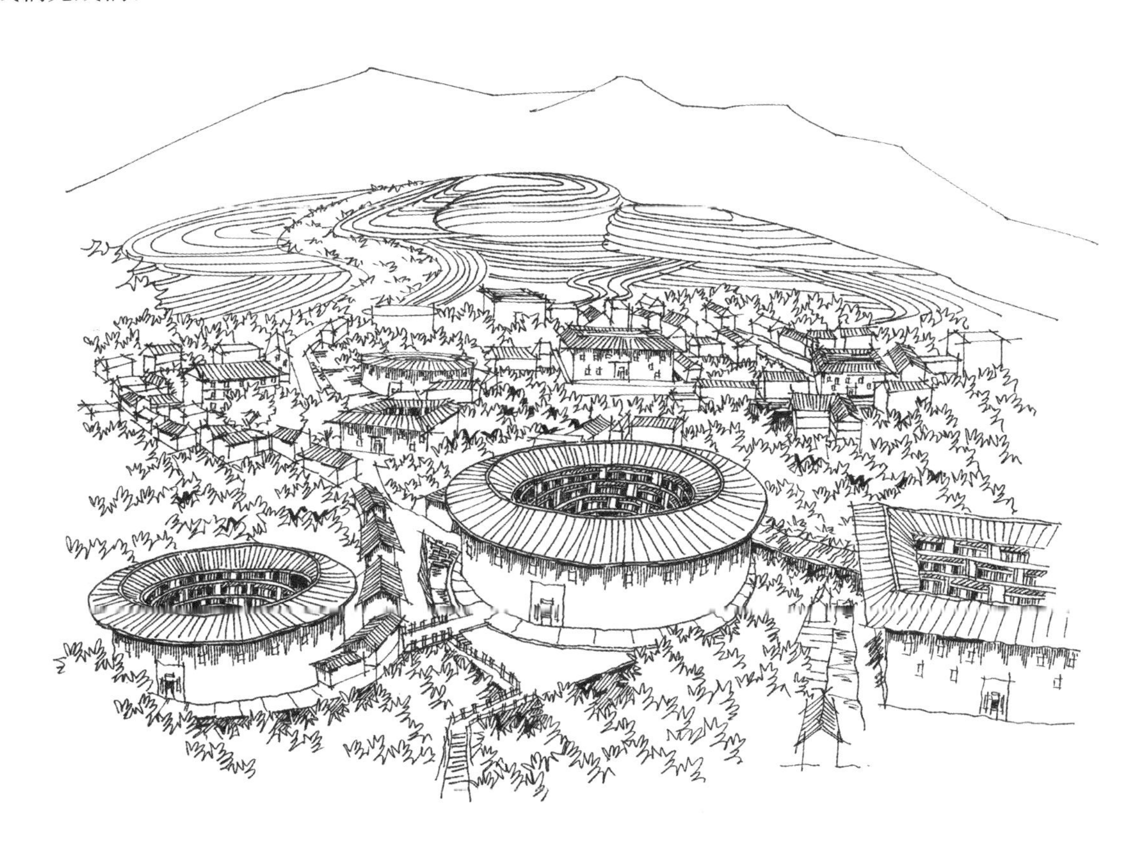

（2）马克笔着色

在钢笔线稿完成后，首先，要确定画面光源的方向，因采用局部鸟瞰的方式表现土楼群整体效果，因此光源采用正上方照射的呈现方式，主要照射土楼屋顶、植物顶部，这也是画面的两个主要部分，需进行适当留白处理;其次，思考画面当中主要物体的固有色，土楼主要采用黄色系及灰色系，作为背景的植物山林主要采用绿色系，因此画面整体采用黄绿色系。

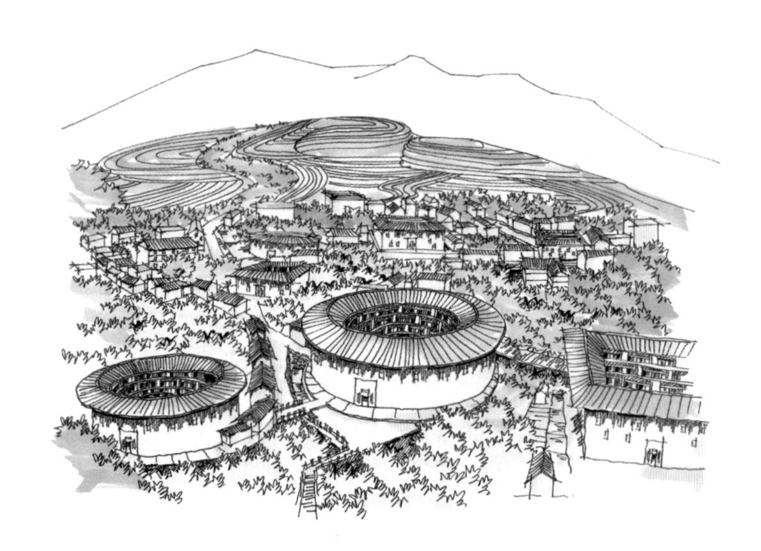

（3）整体铺色

对整幅画进行大面积铺色，对整体进行色彩营造的同时将各色系进行深化及区分。

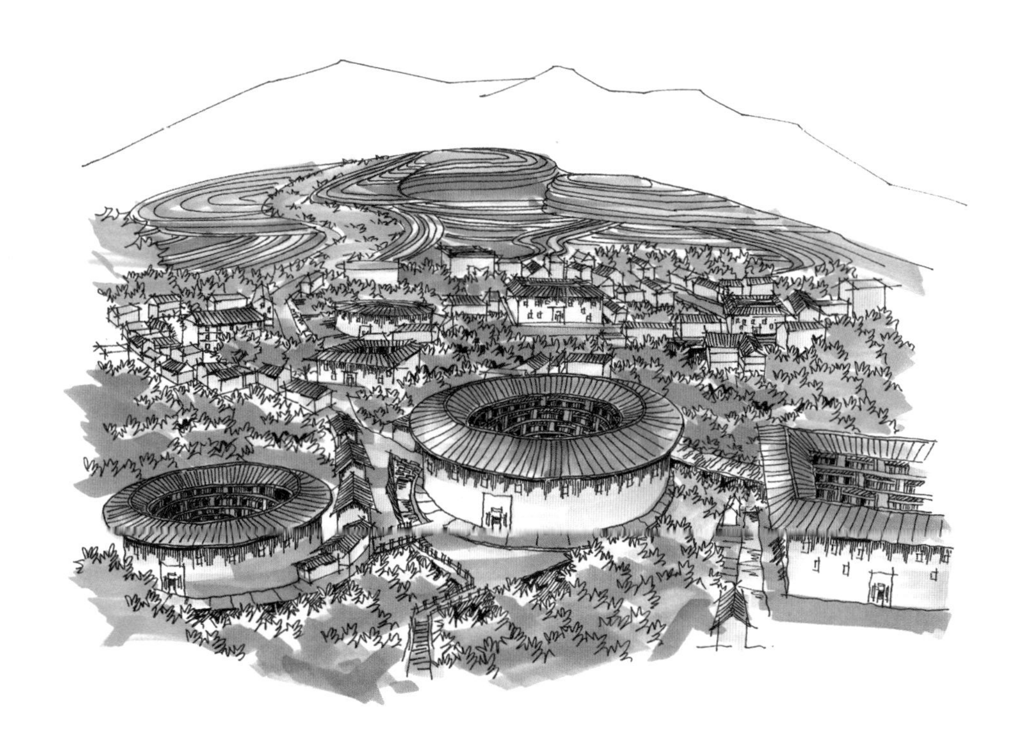

（4）区分明暗

色系区分后可以看出物体的色彩及大致材质，通过明暗关系的初步刻画使画面中土楼土墙、屋檐瓦片的层叠关系表现出来。

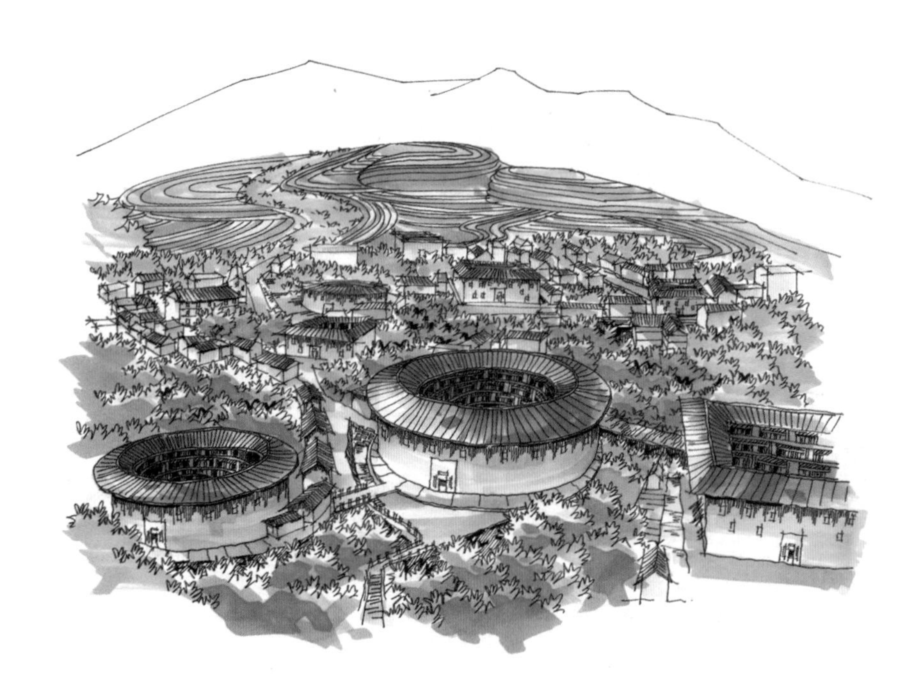

（5）塑造整体

在明暗关系初步形成后，接着对画面的明暗进行深入刻画，如土墙的斑驳、屋檐下的阴影等。同时再对画面远处的山林及近处植物的空间关系进行塑造，使画面更加生动。

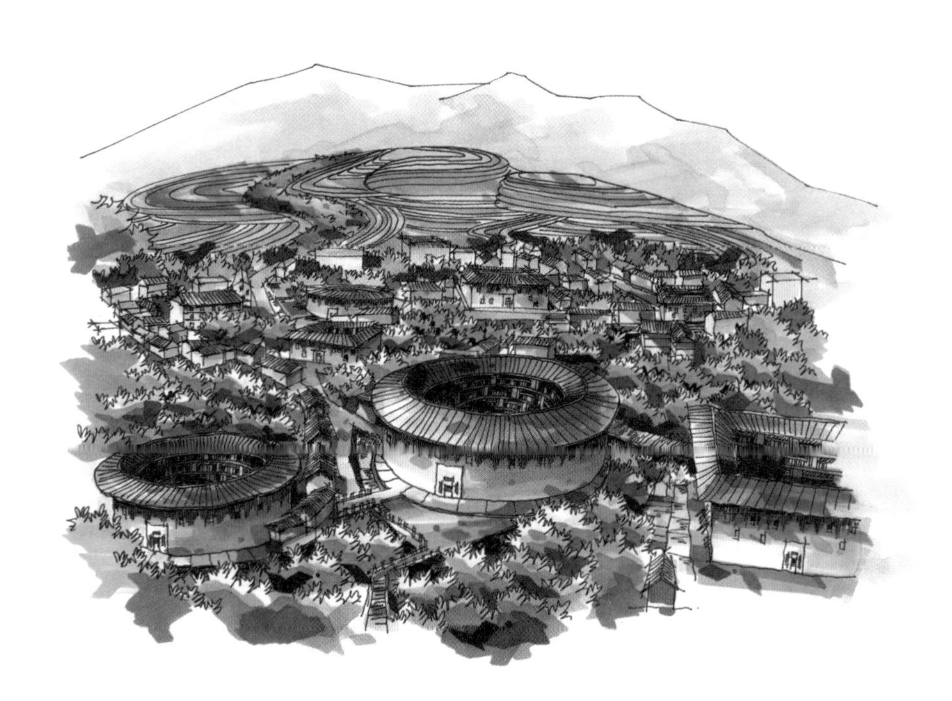

（6）画面调整

当整体画面塑造完毕后，则进入最后的调整阶段。利用彩铅对远山进行调整，使整个画面的远近及虚实关系更加协调，在土楼群屋顶需要表达高亮光的地方使用提白笔对画面高光处进行处理，如表现瓦片的反光感。

6.3　福建省龙岩市漳平市溪南镇东湖村——古村落

东湖村位于漳平市溪南镇中部，村庄历史悠久、生态优美，山多坡陡，民宅依山而建，古色古香且保存完整，是漳平市少有的一处山水人文俱佳的古村落。该村于 2019 年被列入第五批中国传统村落名录。

（1）钢笔线稿

在绘制东湖村古村落钢笔线稿的时候，首先分析画面的空间结构。古村落建筑作为整幅画面的主景，可用三角构图呈现，自下而上的视角属于仰视效果；四周植物以环抱式围合于建筑周围，需要注意植物前后的虚实关系。

钢笔线稿步骤一：

钢笔线稿步骤二：

钢笔线稿步骤三：

钢笔线稿步骤四：

钢笔线稿完成稿：

（2）马克笔着色

在钢笔线稿完成后，开始对画面进行着色。确定画面光源的方向后确定画面亮部。该画面的建筑虽为主体，但四周被植物环绕，因此先从植物入手进行着色。

（3）整体铺色

对整幅画进行大面积铺色，此时不仅要对植物的色彩进行分层，还要对建筑色彩铺涂大致色调，使整体色彩搭配得当。

（4）区分明暗

当大面积铺色完成后，需要对画面的明暗关系进行初步刻画，如建筑墙面、屋顶面等部分。

（5）塑造整体

在明暗关系初步形成后，对画面的整体明暗进行深入刻画，对画面前景植物的明暗关系进行深入刻画，加强前景植物与建筑的前后关系。

（6）画面调整

当整体画面塑造完毕后，对画面进行调整。为营造山林中古朴的村落形象，用彩铅对建筑局部细节及前景植物进行深入刻画。

6.4　福建省宁德市寿宁县下党乡下党村
——美丽乡村

下党村位于福建省寿宁县，下党村内有大面积水田、农地、茶园、果园及林地。下党村已入选第七批中国历史文化名村、首批全国乡村旅游重点村名单、第二批国家森林乡村名单，被农业农村部办公厅评为“2020年中国美丽休闲乡村”。

（1）钢笔线稿

在绘制下党村钢笔线稿的时候，首先构图采用一点透视，使远山与近景形成鲜明的虚实疏密对比，以蜿蜒的村道为视觉中心，左右两边配景建筑则做留白过渡处理。

钢笔线稿步骤一：

钢笔线稿步骤二：

钢笔线稿步骤三：

钢笔线稿步骤四：

钢笔线稿完成稿：

（2）马克笔着色

在钢笔线稿完成后，确定画面光源的方向及主要物体的固有色。该图主要刻画近处民居，因此确定主色调为黄色系。

（3）整体铺色

在主色彩基调基础上对整幅画进行大面积铺色，加深色彩的层次和虚实，明确色彩关系，如近处的民居与远处民居的色彩应有所区别，近处的植物与远处的植物色彩应有所区别，但此时画面当中的明暗关系可先不做处理。

（4）明暗塑造

对画面中细节进行明暗对比刻画，如瓦片、建筑及植物的投影、墙面的细节和地面的铺装等。其目的为让画面暗处更暗，亮处更亮，增加画面的立体感及远近关系。

（5）画面调整

使用彩铅对画面远处的山脉及近处构成画面边界的部分进行加工，使画面更加完整统一；在建筑屋顶瓦片处需要表达高亮光的地方，则使用提白笔进行处理。

6.5 福建省泉州市晋江五店市传统街区红砖古厝——蔡氏家庙

闽南话将房屋称为厝，闽南红砖古厝汲取了中国传统文化、闽越文化及海洋文化等，是闽南建筑文化的代表，也是闽南文化的重要组成部分。

红砖古厝的外墙，除了整面墙用红砖砌起外，窗户的浮雕、透雕以及铺地和瓦顶都是红砖。闽南红砖古厝的建筑特点除了运用红砖红瓦外，当地人还会利用形状各异的石材甚至海蛎壳等与红砖交垒叠砌；台基阶石则多用白色花岗岩；其屋顶两边的瓦面略下弯呈弧度下降，屋脊多为两端微翘的燕尾脊，形成独特的曲线美，一般只有宗祠、庙宇和大户人家的红砖建筑才使用筒瓦，普通居民则使用板瓦和望瓦；房屋内壁、廊、脊等细部都有十分精致的木雕、彩绘、石刻、透雕、泥塑、剪贴等民间手工艺装饰，于是便有“红砖白石双拨器，出砖入石燕尾脊，雕梁画栋皇宫式”这样的表述概括闽南红砖建筑的形象特色。

闽南红砖古厝主要分布于福建省的厦门、漳州、泉州等地，尽管闽南各地的红砖古厝的特点略有不同，却呈现以泉州的“最红”为核心，向周边辐射的特点。

蔡氏家庙位于泉州市晋江五店市传统街区，蔡氏家族传衍了四十余代，是五店市最早的居民。蔡氏家庙始建于宋熙宁年间（1068—1077年），经过历朝历代修葺，曾于抗日战争期间被飞机炸毁。现在的蔡氏家庙是于1987年重建、1989年完工建好的，面积约1300平方米，为五开间二进硬山顶砖石木结构建筑，建筑布局严整，规模宏大，颇具晚清的建筑风格。蔡氏家庙门前安石鼓和石枕雕刻精美，建筑木雕、泥塑、彩绘丰富多样，彰显民间建筑艺术的风采。

（1）钢笔线稿

在绘制蔡氏家庙钢笔线稿的时候，整张画面的空间构图运用叠加法的构图方式，使连续弯曲的屋脊形成画面中心。远处的建筑与近处的红砖古厝形成鲜明的对比。在绘画过程当中，弧形的屋脊应以轻松的线条进行勾勒，并且要注意红砖材质在画面当中的表达。

钢笔线稿步骤一：

钢笔线稿步骤二：

钢笔线稿步骤三：

钢笔线稿步骤四：

钢笔线稿完成稿：

（2）马克笔着色

在钢笔线稿完成后，确定画面光源的方向。红砖古厝独有的色彩为红色系，因此画面主要的色彩基调为红色系，因红色系饱和度较高，因此在最初着色时先用红色系的邻近色系橙色进行打底，并在画面中适当留白。

（3）整体铺色

对整幅画进行大面积铺色，因画面主体为红砖古厝，在大面积铺色时尽量选择饱和度不太高的红色、橙红色，植物的色彩应选择偏向冷色的绿进行点缀，避免整体画面过于艳丽。

（4）区分明暗

红砖古厝的建筑特色在于屋檐、墙砖，因此进行明暗初步刻画时，应着重从建筑特色出发，对这些建筑结构进行明暗关系的初步处理。

（5）塑造整体

在明暗关系初步形成后，接着对画面的明暗进行深入刻画，通过对比的手法让画面暗处更暗、亮处更亮。此时对暗部的刻画可大胆地采用黑色进行加深，但要注意暗部的加深不宜过多。

（6）画面调整

此时画面已较为饱满，接着用彩铅绘制天空，并对植物及建筑的局部进行修饰，同时使用提白笔对画面前景植物叶片进行局部提亮，让画面层次更加明确，且使画面更加生动。

6.6　福建省宁德市屏南县熙岭乡——龙潭村

龙潭村位于福建省宁德市屏南县熙岭乡。龙潭村四面环山，一条小溪从村中流过，村庄民居沿着小溪两岸修建院落，院落较为集中于溪流的上端，南北对照，错落有致。

龙潭村内约有两百栋民居，其中有120多栋明清式的老建筑，建筑格局多为中轴对称的三合院式，大门后面有屏门，天井后面有大厅和后厅，灰瓦黄墙，颇有老式山地民居特色。龙潭村历史悠久，村内文物古迹较多，如回村桥、溪头厝、八扇厝等，以及其他连片传统建筑，其中最古老的建筑院落有100多年历史。除此之外，龙潭村内还有丰富的非物质文化遗产，2015年龙潭村入选福建省第一批省级传统村落，2020年龙潭村入选第二批全国乡村旅游重点村名单。

（1）钢笔线稿

在绘制龙潭村钢笔线稿的时候，采用一点透视的方式进行画面的空间构图；画面主体建筑存在前后关系，因此需明确画面中的透视消失点，同时注意水景与建筑之间的虚实关系以及光影在表现过程中的质感表达。

钢笔线稿步骤一：

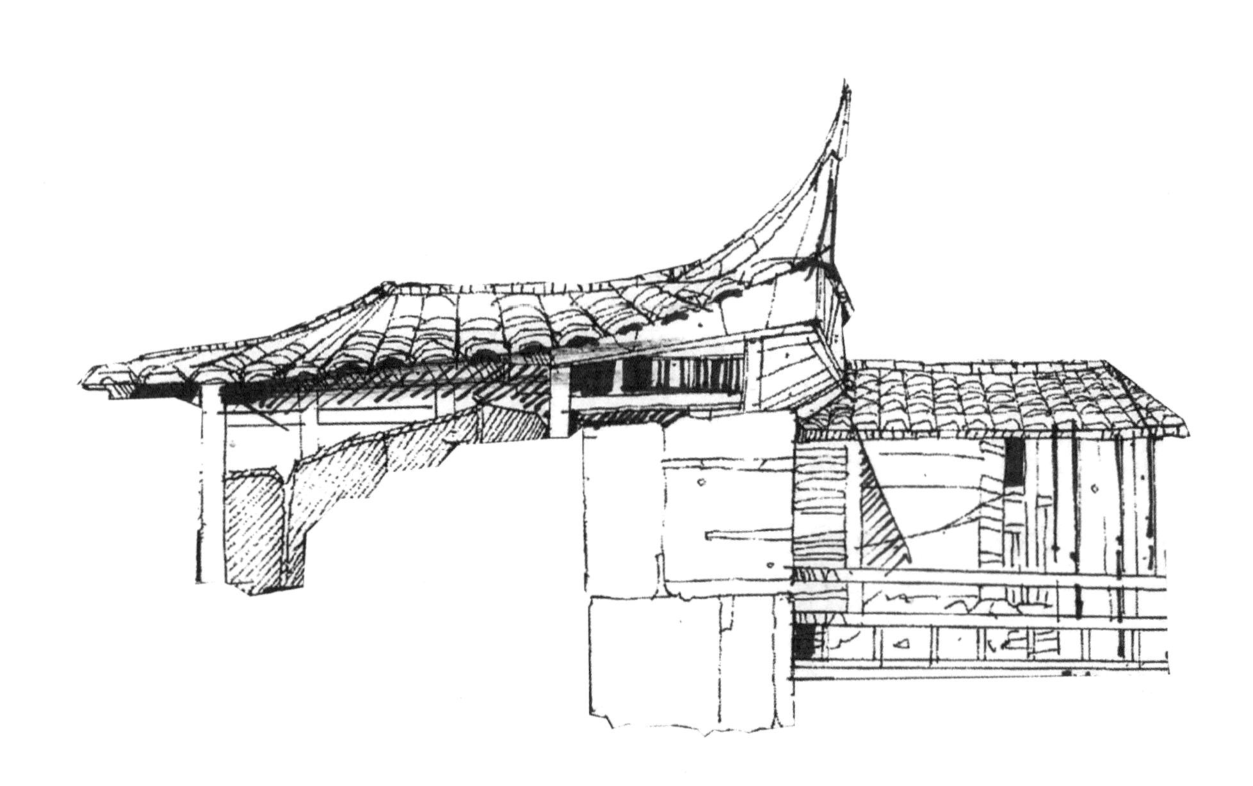

钢笔线稿步骤二：

钢笔线稿步骤三：

钢笔线稿步骤四：

钢笔线稿完成稿：

（2）马克笔着色

在钢笔线稿完成后，开始对画面进行着色。确定画面光源的方向后，确定画面色彩基调——前景植物及水体主要为绿色系、建筑主要为黄色系。首先铺涂主体建筑。

（3）亮部铺色

分析整幅画面的亮部，对建筑及植物进行铺色及留白处理。

（4）亮灰部铺色

当亮部铺色完成后，接下来对画面中亮灰部进行铺色，这一环节可使画面初步形成色彩关系。

（5）固有色铺色

当亮灰部铺色完成后，接下来是对画面中的实际物体进行固有色铺色如建筑中的木质结构与土墙色彩进行区分，这一环节可反映出物体的本质。

（6）塑造冷暖

当固有色铺色完成后，整幅画面就有了明确的色彩关系。这一环节就需要对画面的冷暖关系进行塑造，主要体现在对建筑物及植物的深度刻画上，即形成冷暖对比。

（7）营造质感

在冷暖关系初步形成后，则要对画面的明暗进行深入刻画，通过对比的手法让画面暗处更暗，亮处更亮，包括木质结构、石材、土墙的纹理及明暗关系，同时再对画面的光感如水面倒影进行处理，以及对不同植物的远近关系进行塑造，从而使画面更加生动。

（8）画面调整

运用彩铅对建筑、天空、建筑下的植物及水体进行过渡调整，使用提白笔对水岸的植物进行局部提亮，表现水面反射光打在植物叶片的效果，使整个画面更加完整生动。

6.7 福建省宁德市屏南县白水洋——仙人桥

白水洋位于福建省宁德市屏南县，有着1亿多年前火山喷发形成的火山岩。经长年的风化、流水侵蚀和重力崩塌等作用，形成8万平方米的平坦岩石河床，在阳光下，洋面波光粼粼，一片白炽，故称为白水洋，是国内唯一的浅水广场。在中下洋之间有一色彩斑斓的河床，因每年有数千对鸳鸯从北方到此过冬，故称鸳鸯溪。鸳鸯溪景区森林茂密，峡谷纵向深度500多米，横向跨度最窄处仅1米，融溪、峡、峰、岩、洞、瀑等于一体，构成一幅立体式的百里画廊。

仙人桥原称仙桥，位于仓潭下游，古为独木桥，由一根极长的独木连接两岸巨石，后来年久桥毁，1986年建此廊桥，桥身为石拱桥，有一大孔、四小孔，中间高、两边低，呈对称状，桥上设廊，桥横跨于峡谷之上，两岸为悬崖峭壁，桥距水面30余米，桥下鹰嘴潭深不可测。

（1）钢笔线稿

在绘制仙人桥钢笔线稿的时候，采用两点透视的空间构图方式，展现桥的体量和纵深感。在绘制线稿时，首先明确画面中的透视消失点；其次注意水景、山石与桥体之间的前后关系以及光影在表现过程中的质感表达。

钢笔线稿步骤一：

钢笔线稿步骤二：

钢笔线稿步骤三：

钢笔线稿步骤四：

钢笔线稿完成稿：

（2）马克笔着色

在钢笔线稿完成后，开始对画面进行初步着色。在确定画面光源的方向后，确定画面中仙人桥及其周边环境的固有色。

（3）亮部铺色

分析整幅画面的亮部，包括仙人桥、周边的植物及桥下的岩石，对三者进行铺色并做适当留白处理。

（4）亮灰部铺色

当亮部铺色完成后，接下来对仙人桥、周边的植物及桥下的岩石中亮灰部进行铺色。虽同为亮灰部，也应有所不同，以体现物体的前后关系，使画面初步形成色彩关系。

（5）固有色铺色

亮灰部铺色后只是大致形成画面的相对色彩关系，还需在此基础上对物体铺涂固有色才能更加准确地反映物体实际的色彩、材质等。

（6）塑造冷暖

在固有色铺色完成后，整幅画面就有了明确的色彩关系。通过加深或提亮画面的部分细节，如加深植物的暗部及桥身的暗部，植物采用冷色系，桥身采用暖色系，这一环节可使画面的冷暖关系更加和谐。

（7）营造质感

在冷暖关系初步形成后，则要对画面的明暗进行深入刻画，通过对比的手法让画面暗处更暗、亮处更亮。此时通过对植物、岩石及桥洞等暗部的再次加深，使画面的光感以及植物、桥下岩石的远近关系得到塑造。

（8）画面调整

使用彩铅及提白笔对画面进行最后的调整，用彩铅对仙人桥周边环境进行修饰，凸显中部的仙人桥，用提白笔对水面、水边植物及仙人桥顶部进行修饰，体现水在阳光下的反射，从而使画面更加生动。

6.8　福建省宁德市周宁县纯池镇——禾溪村

禾溪村地处周宁、寿宁、政和三县交界地带，宋、元时属政和县，明景泰六年（1455年）至民国时期属寿宁县，1955年划入周宁县。禾溪村，风景优美，四周群山环绕，湫溪穿村而过，原名湫溪村，因村落曾遭洪水及火灾而改称为禾溪村。禾溪村明清时期曾是福安晓阳、坦洋一带通往闽北的必经要道，经村共有3条古道，曾一度辉煌。

明成化元年（1465年），许姓先祖迁入此地兴居，现禾溪村全村300余户，居民以许姓为主，民居主要沿较缓的山坡面溪而建，错落有致；耕地主要分布在湫溪两侧，均为梯田；村内有大面积林地，种植有茶叶、板栗、毛竹，远离村落或陡峭的山冈以生态林为主，兼有少量的杉木、松树。

村落传统的乡土文化、乡土建筑保存较好，有明清风格的古民居14栋，民居房屋为穿斗式悬山顶土木结构，它们经历几百年，而古貌犹存，是古代民居建筑的典范和古代艺术的宝库。

（1）钢笔线稿

在绘制禾溪村钢笔线稿的时候，采用一点透视进行空间构图，明确画面中的透视消失点，因该村建筑高低起伏、错落有致，消失点的确定需严谨，可依据房屋走势确定。

钢笔线稿步骤一：

钢笔线稿步骤二：

钢笔线稿步骤三：

钢笔线稿步骤四：

钢笔线稿完成稿：

（2）马克笔着色

在钢笔线稿完成后，开始对画面进行着色。在确定画面光源的方向后，思考画面中主要物体的固有色，该画面主要对象为民居，可根据民居的材质对民居进行初步着色。

（3）亮部铺色

分析整幅画面的亮部，对植物、建筑及水面进行铺色及留白处理。此时要注意水面的处理，水面主要为民居的倒影，因色调与民居一致，但在光线的作用下，在部分区域形成强反射，应做留白处理。

（4）亮灰部铺色

当亮部铺色完成后，接下来对画面中亮灰部进行铺色，包括民居的屋顶及水岸护坡等，这一环节使画面初步形成色彩关系。

（5）固有色铺色

当亮灰部铺色完成后，接下来是对画面中的实际物体进行固有色的铺涂，使民居、植物等呈现的色彩更加接近实物。

（6）塑造冷暖

当固有色铺色完成后，整幅画面就有了明确的色彩关系。因民居存在前后关系及高低关系，这一环节就需要着重对画面的冷暖关系进行塑造，同时也要考虑水面倒影的冷暖关系。

（7）营造质感

在冷暖关系初步形成后，则要对画面的明暗进行深入刻画，如通过投影或对比的手法让画面暗处更暗、亮处更亮，呈现民居的质感。尤其是对民居墙面的处理，要体现材质及岁月的痕迹，使画面更加生动。

（8）画面调整

使用彩铅及提白笔对画面进行最后的调整，用彩铅对民居及其四周植物进行修饰，用提白笔对水面、水边植物进行修饰，体现水在阳光下的反射。

第 7 章　作品赏析

7.1　乡村类景观快速表现欣赏。

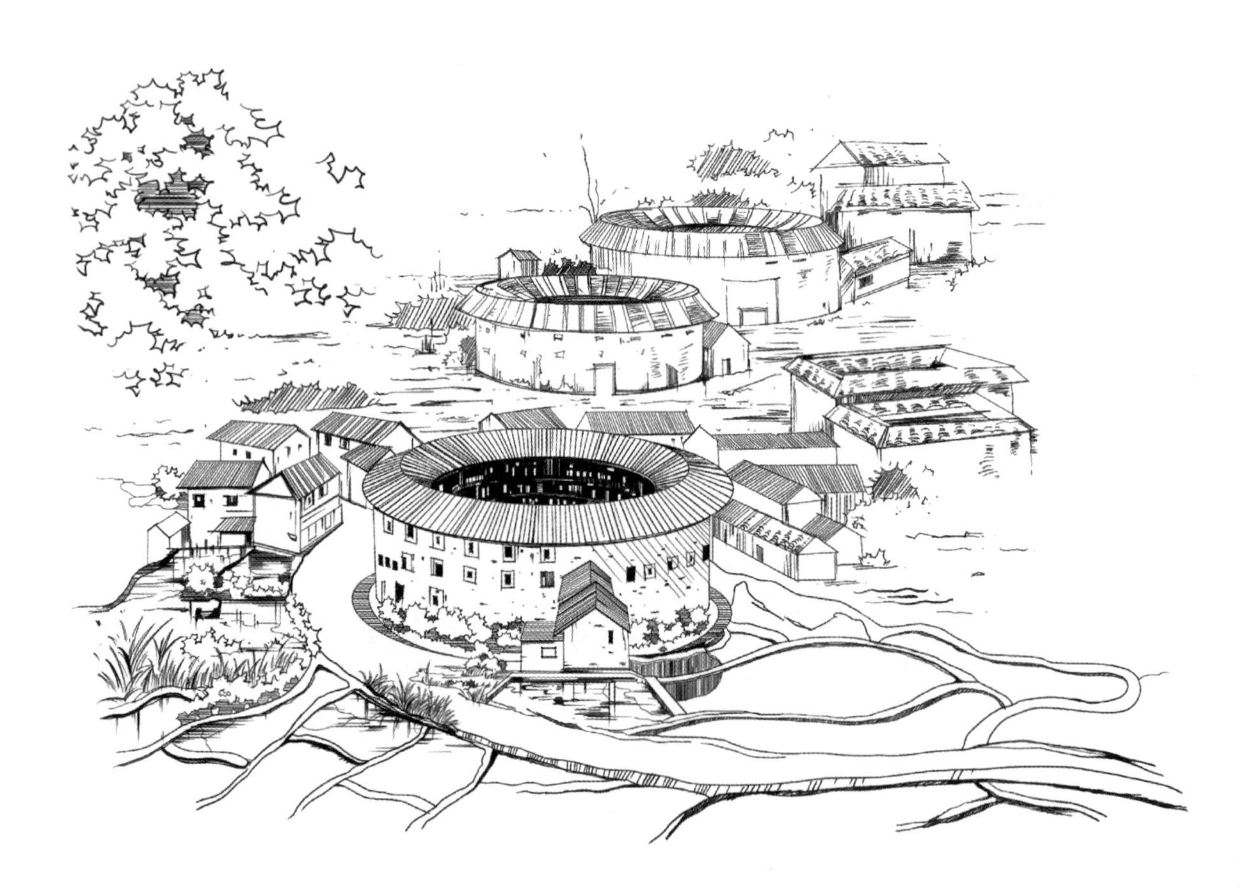

7.2 非乡村类景观快速表现欣赏。

薄[房子] 轻[Talk]

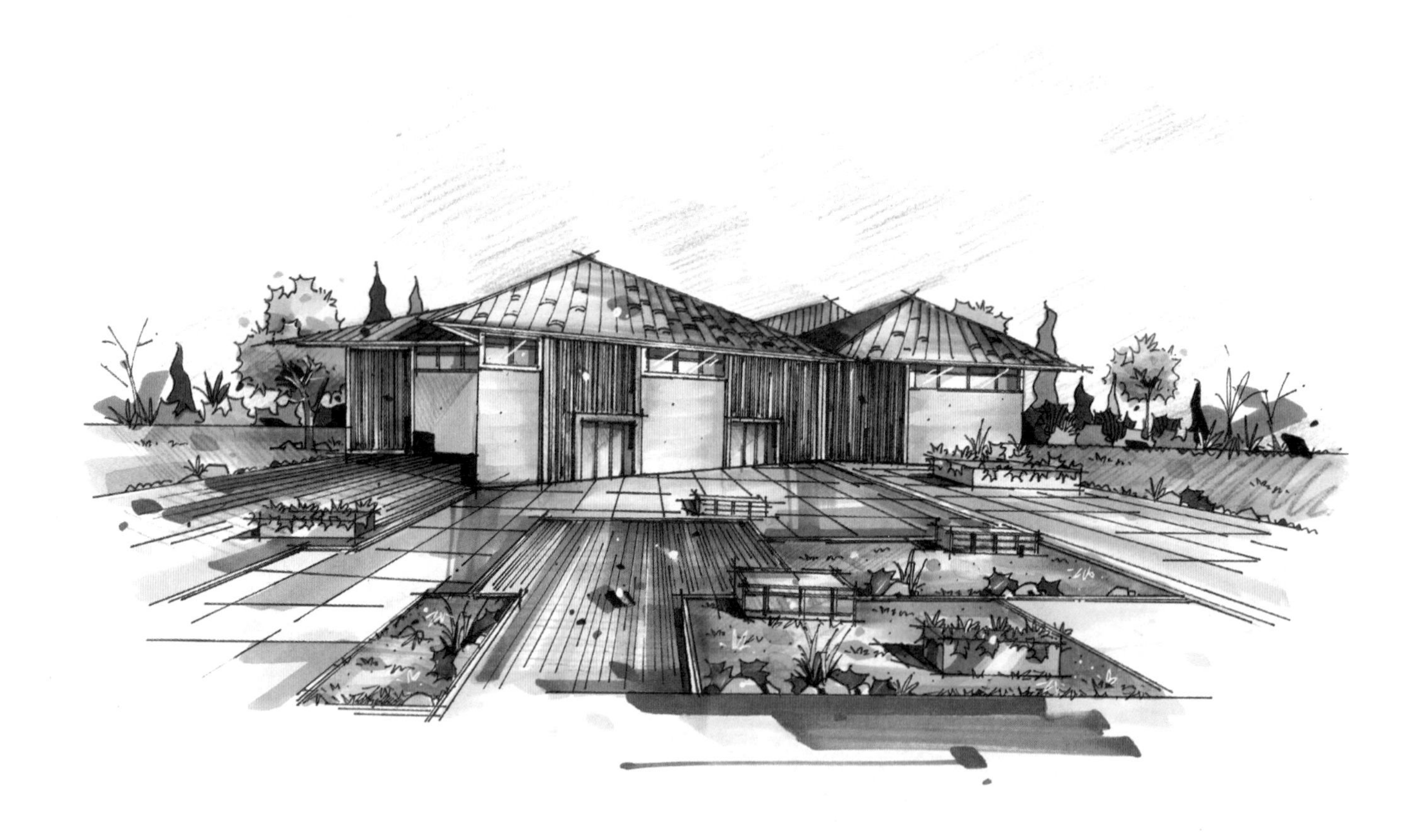

薄[房子] 轻[Talk]

参考文献

[1] 黄磊 . 景观手绘效果图研究 [J]. 黑龙江科学，2019，10（2）：154–155.

[2] 甘露 . 手绘效果图《景观小品设计》[J]. 科技进步与对策，2018，35（1）：161.

[3] 张丽娟 . 景观设计手绘效果图的艺术表现 [J]. 美术观察，2017（11）：97–99.

[4] 李国涛 . 浅谈正方体训练法在徒手快速表现技法中的运用 [J]. 安徽文学（下半月），2012（11）：124–125.

[5] 柯培雄 . 手绘快速表现技法是设计师必备的专业技能 [J]. 武夷学院学报，2008（1）：93–96.

[6] 邓威 . 快速表现技法 [J]. 建筑知识，1996（3）：16–17.

[7] 邹东升 . 中国画的“透视”观 [J]. 信阳师范学院学报（哲学社会科学版），2015，35（5）：90–92+96.

[8] 徐敏，王文姣 . 美丽乡村建设中的特色景观小品设计表达 [J]. 现代园艺，2021，44（9）：110–111.

[9] 张宁 . 三维动画技术在“水市湖城”城市景观规划中的应用 [J]. 现代营销（学苑版），2011（1）：96–97.

[10] 石炯 . 构图与透视学：文艺复兴时期的艺术理论 [J]. 新美术，2005（1）：43–52.

[11] 戴迪，罗园园．浅谈透视基本原理在风景速写中的运用[J]．大众文艺，2016（21）：119.

[12] 黄毅，吴化雨．构成设计基础[M].2 版．北京：中国轻工业出版社，2019.

[13] 陈新生，班石，李洋．建筑快速表现技法[M]．北京：清华大学出版社，2007.

[14] 杜健，吕律谱，蒋柯夫，等．景观设计手绘与思维表达[M]．北京：人民邮电出版社，2019.

[15] 陈骥乐，贾雨佳，郭贝贝．麦克手绘：空间设计快速表现研究[M]．北京：人民邮电出版社，2014.